Lecture Notes in Mathematics

Edited by A. Dold and B. Eckmann

941

André Legrand

Homotopie des Espaces de Sections

Springer-Verlag
Berlin Heidelberg New York 1982

Auteur
André Legrand
U.E.R. de Mathématiques, Université Paul Sabatier
118, route de Narbonne, 31062 Toulouse Cédex, France

AMS Subject Classifications (1980): 55PXX

ISBN 3-540-11575-7 Springer-Verlag Berlin Heidelberg New York
ISBN 0-387-11575-7 Springer-Verlag New York Heidelberg Berlin

Printing and binding: Beltz Offsetdruck, Hemsbach/Bergstr.
2141/3140-543210

INTRODUCTION

Au départ nous avons étudié l'homotopie des fibrés en groupes pour résoudre le problème posé depuis 1958, [7], par le calcul de l'invariant défini par la différentielle d_2 de la suite spectrale de Serre d'un fibré $F \to E \to B$ de base non simplement connexe.

Rappelons que, si B est simplement connexe, la différentielle

$$d_2^{p,q} : H^p(B,H^q(F)) \longrightarrow H^{p+2}(B,H^{q-1}(F))$$

de la suite spectrale de Serre de E est le cup-produit par une classe $\eta_q^2 \in H^2(B,\mathrm{Hom}(H^q(F),H^{q-1}(F)))$ déterminée par la première obstruction $\eta \in H^2(B,\pi_1(G))$ du fibré principal associé à E, G désignant son groupe structural (Fadell-Hurewicz, [7]).

Par contre lorsque $\pi_1(B)$ n'est pas nul, d_2 est un invariant "plus riche" que l'obstruction classique (ici la première obstruction est dans $H^1(B,\pi_o(G))$). Ceci est particulièrement explicite lorsque $\pi_1(B)$ est libre. On associe alors à E des invariants d'Eilenberg primaires et secondaires (définitions V-2 et V-3)

$$\eta_q^1 \in H^1(B,\ \mathrm{Ext}(H^q(F),\ H^{q-1}(F)))$$
$$\eta_q^2 \in H^2(B,\ \mathrm{Hom}(H^q(F),\ H^{q-1}(F)))$$

(la cohomologie de B est à coefficients locaux). On définit une nouvelle opération (définition V-4)

$$\star : H^1(B,\ \mathrm{Ext}(H^q(F),\ H^{q-1}(F))) \otimes H^p(B,H^q(F)) \to H^{p+2}(B,H^{q-1}(F))$$

et pour tout $c \in H^p(B,H^q(F))$, on a (théorème V-5)

$$d_2^{p,q}(c) = \eta_q^2 \cup c + \eta_q^1 \star c.$$

D'après E.H. Brown, toute cohomologie généralisée est représentable par les classes d'applications à valeurs dans un espace Y convenable. Plus généralement les classes d'homotopie de X dans un H-espace G définissent un groupe, non "stable" à priori, et cependant déterminé, au moyen de la suite spectrale "limitée" de Shih, [19], par la cohomologie de X à coefficients dans l'homotopie de G. Toutes les "cohomologies" utilisées ne sont pas obtenues ainsi : par exemple la cohomologie à coefficients locaux qui est représentable par les classes de sections d'un fibré en groupes de fibre un espace d'Eilenberg-Mac Lane (Siegel, [22], ou théorème III-2 plus loin).

Plus généralement considérons un fibré en groupes $G \to \mathcal{G} \to B$.

L'espace des sections $\Gamma \mathcal{G}$ est un groupe. Les groupes d'homotopie $\pi_n(\Gamma \mathcal{G})$ sont filtrés naturellement de deux manières :

- en utilisant la décomposition de Postnikov de $\mathcal{G}$
- suivant une décomposition en squelettes de B.

On associe respectivement à ces fibrations une E_1-suite spectrale et une $\overline{E}_2$-suite spectrale. La suite spectrale de Shih, [19], est un cas particulier de la première et la suite spectrale de Serre, [17], un cas particulier de la seconde. Ces suites spectrales sont adaptées à l'homotopie. Elles sont non abéliennes et limitées. Une théorie en a été faite la première fois par Shih en 1962, [19].

Un fait remarquable est que bien que les filtrations sur $\pi_*(\Gamma \mathcal{G})$ soient différentes les bigradués associés sont isomorphes. C'est un cas particulier de l'isomorphisme de ces suites spectrales (il y a décalage des degrés, $(E_r, d_r) \simeq (\overline{E}_{r+1}, \overline{d}_{r+1})$, théorème IV-2). L'isomorphisme $E_1 \simeq \overline{E}_2$ donne un nouveau calcul du terme E_2 de la suite spectrale de Serre.

Pour "enrichir" l'obstruction classique, on élargit la structure trop rigide de fibré principal par celle de B-fibré principal (définition II-2). On se place dans la catégorie K_B des fibrés de Kan de base B pour laquelle les fibrés en groupes sont les groupes. On considère une action principale d'un fibré en groupes $G \to \mathcal{G} \to B$ sur un fibré $E \to B$. On appelle $\mathcal{G}$ le fibré structural. Si on se restreint aux fibrés structuraux triviaux, on trouve les fibrés principaux classiques. On classifie les B-fibrés principaux en prolongeant aux fibrés en groupes la construction W des groupes simpliciaux (Cartan, [3]). La théorie d'obstruction cherchée est alors un corollaire de cette classification (proposition II-9).

On sait (May, [13]) le role joué par le groupe fondamental de la base sur la structure des fibrés de fibre $K(\pi,n)$. Mais ces fibrés sont toujours B-principaux d'où leur classification habituelle (proposition II-6). Il est d'ailleurs remarquable que cette classification induise celle des fibrés en groupes de fibre $K(\pi,n)$. C'est-à-dire que pour ces fibrés la structure de B-groupe est un invariant homotopique (théorème III-8).

Les classes de B-morphismes entre deux tels fibrés représentent les B-opérations cohomologiques (opérations cohomologiques pour la cohomologie à coefficients locaux, définition III-2, cf. Siegel, [21]). Les invariants d'Eilenberg généralisés qu'on associe aux fibrés en groupes (définition III-8) et qui déterminent d_1 sont des B-opérations cohomologiques. L'opération mixte (définition V-4) et le cup-produit par une classe de B sont également des B-opérations cohomologiques.

Le chapitre I rappelle les propriétés générales des espaces de sections relativement aux fibrés. Les B-fibrés principaux et leur classification forment le chapitre II. L'homotopie des fibrés en groupes est étudiée dans le chapitre III. L'homotopie de l'espace des sections d'un fibré en groupes et les exemples constituent le chapitre IV. Le chapitre V est le calcul des invariants fournis par la première différentielle des suites spectrales introduites dans le chapitre précédent.

Je remercie vivement Messieurs les Professeurs Cartan et Shih Weishu pour l'aide constante qu'ils m'ont apportée ainsi que Madame Panabiere qui s'est chargée de la frappe du manuscrit.

TABLE DES MATIERES

I. ENSEMBLES SIMPLICIAUX AU-DESSUS DE B.

1. Foncteurs S_B et Γ .

Considérons la catégorie Δ^* dont les objets sont les suites d'entiers $\Delta_n = (0,1,\ldots,n)$ et les morphismes sont les applications croissantes au sens large $\Delta_n \to \Delta_p$. On note $\delta_i : \Delta_{p-1} \to \Delta_p$ le morphisme injectif ne prenant pas la valeur i et $\sigma_i : B_{p+1} \to \Delta_p$ le morphisme surjectif prenant deux fois la valeur i.

Un ensemble simplicial X est un foncteur contravariant de la catégorie Δ^* dans la catégorie des ensembles. Un morphisme simplicial est une transformation naturelle entre deux tels foncteurs. Un ensemble simplicial est donc un ensemble gradué, $X_p = X(\Delta_p)$, par les entiers positifs ou nuls, avec pour $0 \leqslant i \leqslant p$ des opérations,

$$d_i = X(\delta_i) : X_p \to X_{p-1} \quad \text{et} \quad s_i = X(\sigma_i) : X_p \to X_{p+1}$$

appelées opérations faces et dégénérescences, qui vérifient

$$\begin{aligned}
d_i d_j &= d_{j-1} d_i && \text{si } i<j \\
s_i s_j &= s_{j+1} s_i && \text{si } i \leqslant j \\
d_i s_j &= s_{j-1} d_i && \text{si } i<j \\
d_j s_j &= d_{j+1} s_j = \text{identité} && \\
d_i s_j &= s_j d_{i-1} && \text{si } i>j+1
\end{aligned}$$

Les éléments de X_p sont appelés les p-simplexes de X. Un morphisme simplicial de X dans Y est une application $f : X \to Y$, de degré 0, qui vérifie, pour tout i,

$$f \circ d_i = d_i \circ f \quad \text{et} \quad s_i \circ f = f \circ s_i .$$

Pour tout entier n positif, on note (Δ_n) l'ensemble simplicial obtenu en posant

$$(\Delta_n)_p = \mathrm{Hom}(\Delta_p,\Delta_n)$$

On identifie $1_{\Delta_n} \in (\Delta_n)_n$ avec Δ_n . Les applications δ_i et σ_i induisent des applications simpliciales $(\Delta_{n-1}) \to (\Delta_n)$ et $(\Delta_{n+1}) \to (\Delta_n)$ notées également δ_i et σ_i. Tout n-simplexe $x \in X$ engendre une application simpliciale $(\Delta_n) \to X$ notée encore x. On a alors

$$d_i x = x \circ \delta_i \quad \text{et} \quad s_i x = x \circ \sigma_i .$$

Pour X et Y ensembles simpliciaux, on note Hom(X,Y) l'ensemble des morphismes simpliciaux de X dans Y. Hom(X,Y) est l'ensemble des 0-simplexes d'un ensemble simplicial

$$S(X,Y)$$

construit de la manière suivante : l'ensemble des n-simplexes est

$$S_n(X,Y) = \mathrm{Hom}(X \times (\Delta_n), Y)$$

et pour $f \in S_n(X,Y)$ on définit $d_i f$ par le composé

$$X \times (\Delta_{n-1}) \xrightarrow{1_X \times \delta_i} X \times (\Delta_n) \xrightarrow{f} Y$$

et $s_i f$ par le composé

$$X \times (\Delta_{n+1}) \xrightarrow{1_X \times \sigma_i} X \times (\Delta_n) \xrightarrow{f} Y$$

On appelle S(X,Y) l'ensemble simplicial des applications simpliciales de X dans Y. La correspondance $(X,Y) \to S(X,Y)$ est fonctorielle.

Une application simpliciale $\eta : X \to B$ est un fibré de Kan si pour toute suite $x_o, x_1, \ldots, x_{k-1}, x_{k+1}, \ldots, x_{n+1}$ de n+1 n-simplexes de X et tout (n+1)-simplexe b de B tels que :

i) $d_i x_j = d_{j-1} x_i$, $i<j$, $i \neq k$, $j \neq k$

ii) $\eta(x_i) = d_i b$, $i \neq k$

il existe un (n+1)-simplexe $x \in X$ vérifiant

$$d_i x = x_i, \; i \neq k \quad \text{et} \quad \eta(x) = b$$

Dans la suite on dira plus simplement que l'application η est un <u>fibré</u>.

Un ensemble simplicial X est un <u>ensemble simplicial de Kan</u> si l'unique application simpliciale $X \to$ point est un fibré.

La <u>fibre</u> d'une application simpliciale $f : X \to Y$ au-dessus du 0-simplexe $y \in Y$ est le sous ensemble simplicial $f^{-1}(y) \subset X$. Les fibres d'un fibré sont donc des ensembles simpliciaux de Kan. Pour une théorie complète sur les propriétés homotopiques des fibrés de Kan voir par exemple [13].

Rappelons les propriétés du foncteur S par rapport aux fibrés et aux injections. Pour ceci on utilise le notion de <u>carré fibré</u> [13]. Un diagramme commutatif dans la catégorie des ensembles simpliciaux

$$\begin{array}{ccc} E & \xrightarrow{f} & X \\ {\scriptstyle g}\downarrow & & \downarrow{\scriptstyle \eta} \\ Y & \xrightarrow{\psi} & B \end{array}$$

est un carré fibré, si pour tout n et tout k, $0 \leq k \leq n+1$, et pour toute suite de n-simplexes de E

$$x_0, x_1, \ldots, x_{k-1}, x_{k+1}, \ldots, x_{n+1}$$

et tout couple $(x,y) \in X \times Y$ vérifiant

i) $d_i x_j = d_{j-1} x_i$, $i<j$, $i \neq k$, $j \neq k$

ii) $f(x_i) = d_i x$, $g(x_i) = d_i y$, $i \neq k$

iii) $\eta(x) = \psi(y)$

il existe un $(n+1)$-simplexe $z \in E$ tel que

$$d_i z = x_i,\ i \neq k,\ f(z) = x,\ g(z) = y.$$

Remarquons que carré fibré signifie que l'application de E

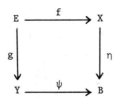

dans le produit fibré de η et de ψ induite par (f,g) est un fibré

Si E_{y_0} est la fibre de g au-dessus du 0-simplexe $y_0 \in Y$ et X_{b_0} celle de η au-dessus de $b_0 = \psi(y_0)$ alors f induit un fibré $E_{y_0} \to X_{b_0}$. L'application g vérifie évidemment la même propriété. Un exemple de carré fibré est obtenu en considérant une paire (X,A), $A \subset X$ d'ensembles simpliciaux, un fibré $E \to B$ et en considérant le diagramme commutatif

$$\begin{array}{ccc} S(X,E) & \longrightarrow & S(A,E) \\ \downarrow & & \downarrow \\ S(X,B) & \longrightarrow & S(A,B) \end{array}$$

Les flèches horizontales étant définies par restriction et les flèches verticales par la projection $E \to B$. En particulier, si on prend pour A l'ensemble vide, on déduit que $S(X,E) \to S(X,B)$ est un fibré. En prenant B réduit à un point,(E est alors un ensemble simplicial de Kan), on obtient que $S(X,E) \to S(A,E)$ est un fibré.

<u>Notons</u> K'_B la catégorie dont les objets sont les applications simpliciales $\eta : X \to B$, les morphismes de source $\eta : X \to B$ et de but $\psi : Y \to B$ étant les applications simpliciales $f : X \to Y$ telles que le diagramme

$$\begin{array}{ccc} X & \xrightarrow{f} & Y \\ & {\scriptstyle\eta}\searrow \quad \swarrow{\scriptstyle\psi} & \\ & B & \end{array}$$

soit commutatif. (K'_{point} est donc la catégorie des ensembles simpliciaux). On appelle B-<u>morphisme</u> les morphismes de K'_B et on note $Hom_B(\eta,\psi)$ l'ensemble des B-morphismes entre les objets η et ψ de K'_B. On note B l'objet final 1_B de K'_B.

Pour $\eta \in K'_B$, les éléments de $Hom_B(B,\eta)$ sont appelés <u>sections</u> de η. On désigne par $Sec(\eta)$ l'ensemble $Hom_B(B,\eta)$.

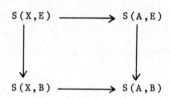

Définition I-1.

Soient $\eta : X \to B$ et $\psi : Y \to B$ des objets de K'_B. On appelle ensemble simplicial des B-morphismes de η dans ψ, et on note $S_B(\eta,\psi)$, la fibre au-dessus de η de l'application $S(X,Y) \to S(X,B)$. On définit l'ensemble simplicial $\Gamma(\psi)$ des sections de ψ par

$$\Gamma(\psi) = S_B(B,\psi).$$

L'ensemble des n-simplexes de $S_B(\eta,\psi)$ est $\mathrm{Hom}_{B\times(\Delta_n)}(\eta\times 1_{(\Delta_n)},\ \psi\times 1_{(\Delta_n)})$.

Soit $\lambda : Z \to B$. On construit une application simpliciale "composition"

$$S_B(\eta,\psi) \times S_B(\psi,\lambda) \to S_B(\eta,\lambda)$$

en associant au couple (f,g) de n-simplexes, le n-simplexe composé $g \circ f$.

Dans le cas où ψ est un fibré, $S_B(\eta,\psi)$ et $\Gamma(\psi)$ sont des ensembles simpliciaux de Kan.

2. B-homotopie et B-fibré.

Définition I-2.

Soient f_0 et f_1 deux B-morphismes de η dans ψ. On dit que f_0 est B-homotope à f_1 s'il existe un 1-simplexe $f \in S_B(\eta,\psi)$ tel que $d_0 f = f_1$ et $d_1 f = f_0$. (On notera $f_0 \sim_B f_1$).

En prenant $\eta = B$ dans la définition précédente, on obtient la définition de l'homotopie de deux sections s_0, s_1 de η ce qu'on notera $s_0 \sim_B s_1$.

Si ψ est **un fibré** la B-homotopie est une relation d'équivalence sur les B-morphismes de η dans ψ. Notons K_B la sous catégorie de K'_B dont les objets sont les fibrés de Kan. Dans K_B on définit immédiatement la notion d'équivalence de B-homotopie et on a :

Proposition I-1.

Si η, η' (resp. ψ, ψ') sont des fibrés B-homotopiquement équivalents alors $S_B(\eta,\psi)$ et $S_B(\eta',\psi')$ ont le même type d'homotopie ainsi que $\Gamma(\eta)$ et $\Gamma(\eta')$.

Pointer un objet $\eta : X \to B$ de K'_B c'est par définition choisir un B-morphisme, s'il en existe, de l'objet final B dans η, c'est-à-dire une section de η. Dans la catégorie K'_B les "fibres" d'un B-morphisme $f : E \to X$ de $\lambda : E \to B$ vers η seront les objets de K'_B envoyés par f sur les sections de η. Si η admet une section s, on appelle B-fibre de f au-dessus de s, et on note f_s l'application $f^{-1}(s(B)) \to B$ obtenue en restreignant f à s(B) identifié à B. Dans la suite, lorsqu'on "pointera" un objet $\eta : X \to B$ de K'_B, on identifiera à B le sous-ensemble s(B) de X.

Définition I-3.

Soient $\eta : X \to B$ et $\lambda : E \to B$ deux objets de K'_B. Un B-morphisme $f : E \to X$ est un B-fibré si f est un fibré.

Les B-fibres d'un B-fibré sont évidemment des fibrés. Dans la suite on représentera souvent un B-fibré $f : E \to X$ de B-fibre $F = f^{-1}(s(B)) \to B$ au dessus de la section s de η par une suite

$$F \longrightarrow E \xrightarrow{f} (X,s).$$

Lorsqu'il n'y aura pas de confusion possible on ne notera pas la section.

L'image réciproque d'un B-fibré $g : E \to Y$ par un morphisme $f : X \to Y$ est un fibré $f^*(E) \to X$ qu'on peut évidemment considérer comme un B-fibré. Mais si f n'est pas un B-morphisme on n'a pas de B-morphisme naturel $f^*(E) \to E$.

Soient f_0, f_1 deux B-morphismes B-homotopes de X dans Y. La B-homotopie étant une homotopie, les B-fibrés $f_0^*(E) \to X$ et $f_1^*(E) \to X$ sont fortement homotopiquement équivalents c'est-à-dire homotopiquement équivalents dans K_X.

Pour un fibré de Kan habituel (correspondant au cas ou B est égal à un point) on a un type de fibre par composantes connexes de la base. Pour un B-fibré $g : E \to Y$ la B-fibre g_s au-dessus de la section $s : B \to Y$ est isomorphe au fibré $s^*(E) \to B$. Le type de B-homotopie de cette B-fibre ne dépend donc que de la classe d'homotopie de la section s. Dans le cas d'un B-fibré on a donc un type de B-fibre par composantes connexes de $\Gamma(\psi)$, $\psi : Y \to B$.

Nous allons maintenant établir les propriétés du foncteur S_B par rapport aux B-fibrés et aux injections de K'_B.

Proposition I-2.

Soient $\eta : X \to B$, $\psi : Y \to B$ des objets de K'_B, $g : E \to Y$ un B-fibré et X' un sous ensemble simplicial de X. Notons $\eta' : X' \to B$ la restriction de η a X'.

a) L'application g induit un fibré de Kan

$$S_B(\eta,\psi \circ g) \to S_B(\eta,\psi)$$

b) Le diagramme commutatif

$$\begin{array}{ccc} S_B(\eta,\psi \circ g) & \longrightarrow & S_B(\eta',\psi \circ g) \\ \downarrow & & \downarrow \\ S_B(\eta,\psi) & \longrightarrow & S_B(\eta',\psi) \end{array}$$

est un carré fibré.

c) Si ψ est un fibré de Kan, la restriction

$$S_B(\eta,\psi) \to S_B(\eta',\psi)$$

est un fibré de Kan.

Démonstration.

La partie b entraine a en prenant X' vide et entraine c en prenant $g = \psi$.

Pour montrer b considérons le carré fibré

$$\begin{array}{ccc} S(X,E) & \longrightarrow & S(X',E) \\ \downarrow & & \downarrow \\ S(X,Y) & \longrightarrow & S(X',Y) \end{array}$$

Il induit un carré fibré

$$\begin{array}{ccc} Z & \longrightarrow & S_B(\eta',\psi \circ g) \\ \downarrow & & \downarrow \\ S_B(\eta,\psi) & \longrightarrow & S_B(\eta',\psi) \end{array}$$

où Z est l'ensemble des simplexes de S(X,E) se projetant sur $S_B(\eta',\psi \circ g)$ et sur $S_B(\eta,\psi)$. Cette deuxième condition entraîne $Z = S_B(\eta,\psi \circ g)$.

Considérons $\eta : X \to B$ et $\psi : Y \to B$ deux objets de K_B. Soient $X' \subset X$ et $Y' \subset Y$ et notons $\eta' : X' \to B$ et $\psi' : Y' \to Y$ les restrictions de η et de ψ. On identifie naturellement $S_B(\eta',\psi')$ à un sous ensemble simplicial de $S_B(\eta,\psi)$. On note

$$S_B((\eta,\eta'),(\psi,\psi'))$$

l'ensemble simplicial des <u>B-morphismes relatifs</u> de la paire (η,η') dans la paire (ψ,ψ'). C'est le sous ensemble simplicial de $S_B(\eta,\psi)$ envoyé par restriction à X' sur $S_B(\eta',\psi')$. On note $\mathrm{Hom}_B((\eta,\eta')(\psi,\psi'))$ l'ensemble de ses 0-simplexes. La partie c de la proposition I-2 montre immédiatement que si ψ et ψ' sont des fibrés $S_B((\eta,\eta'),(\psi,\psi'))$ est un ensemble simplicial de Kan. De la proposition I-2 on déduit également :

<u>Corollaire</u> :

Considérons $\eta : X \to B$ $\psi : Y \to B$ des objets de K'_B et $g : E \to Y$ un B-fibré. Soient $X'' \subset X' \subset X$ et $Y' \subset Y$ des sous-ensembles simpliciaux de X et Y et notons η', η'', ψ' les restrictions de η et ψ a X', X'', Y' et g' le B-fibré restriction de g au-dessus de Y'. Alors le diagramme commutatif

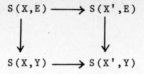

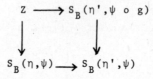

$$\begin{array}{ccc} S_B((\eta,\eta''),(\psi \circ g,\psi' \circ g')) & \longrightarrow & S_B((\eta',\eta'')(\psi \circ g,\psi' \circ g')) \\ \downarrow & & \downarrow \\ S_B(\eta,\eta''),(\psi,\psi')) & \longrightarrow & S_B((\eta',\eta''),(\psi,\psi')) \end{array}$$

est un carré fibré.

En particulier les applications

$$S_B((\eta,\eta'')(\psi \circ g,\psi' \circ g')) \longrightarrow S_B((\eta',\eta'')(\psi,\psi'))$$

et

$$S_B((\eta,\eta'')(\psi,\psi')) \longrightarrow S_B(\eta',\eta''),(\psi,\psi'))$$

sont des fibrés.

3. Le foncteur $\mathcal{S}$.

Nous allons introduire dans K'_B un foncteur correspondant au foncteur S de K'_{point}. Pour chaque couple (η,ψ) d'objets K'_B on va construire un ensemble simplicial $\mathcal{S}(\eta,\psi)$ et pour η et ψ surjectifs, une application $p(\eta,\psi) : \mathcal{S}(\eta,\psi) \to B$ tels que,

$$\Gamma(p(\eta,\psi)) = S_B(\eta,\psi).$$

La fibre $\mathcal{S}_b(\eta,\psi)$ de $p(\eta,\psi)$ au-dessus du 0-simplexe b de B sera alors $S(X_b,Y_b)$, X_b et Y_b étant les fibres de $\eta : X \to B$ et de $\psi : Y \to B$ au-dessus de b.

Considérons le produit fibré d'un objet $\eta : X \to B$ de K'_B et d'un q-simplexe $b : (\Delta_q) \to B$.

$$\begin{array}{ccc} b^*(X) & \xrightarrow{\eta^*(b)} & X \\ {\scriptstyle b^*(\eta)}\downarrow & & \downarrow{\scriptstyle \eta} \\ (\Delta_q) & \xrightarrow{b} & B \end{array}$$

L'ensemble des q-simplexes de $\mathcal{S}(\eta,\psi)$ au-dessus de b est l'ensemble $Hom_{(\Delta_q)}(b^*(\eta),b^*(\psi))$. L'ensemble $\mathcal{S}_q(\eta,\psi)$ est la réunion disjointe de ces ensembles lorsque b parcourt B_q.

$$\mathcal{S}_q(\eta,\psi) = \coprod_{b \in B_q} \mathrm{Hom}_{(\Delta_q)}(b^*(\eta),b^*(\psi))$$

($\coprod$ désigne la réunion disjointe).

Comme $(d_i b)^* = \delta_i^* b^*$ et $(s_i b)^* = \sigma_i^* b^*$, un élément g de $\mathrm{Hom}_{(\Delta_q)}(b^*(\eta),b^*(\psi))$ définit pour tout i, $0 \leq i \leq q$ les éléments

$$d_i g \in \mathrm{Hom}_{(\Delta_{q-1})}((d_i b)^*(\eta),(d_i b)^*(\psi))$$

$$s_i g \in \mathrm{Hom}_{(\Delta_{q+1})}((s_i b)^*(\eta),(s_i b)^*(\psi))$$

On obtient ainsi un ensemble simplicial qu'on note $\mathcal{S}(\eta,\psi)$. En associant au q-simplexe g le q-simplexe b, on définit une application simpliciale

$$p(\eta,\psi) : \mathcal{S}(\eta,\psi) \longrightarrow B.$$

<u>Lemme</u> I-1. (<u>loi exponentielle</u> dans K'_B)

Soit f un n-simplexe de $S_B(\eta,\psi)$ (η et ψ surjectifs). On lui associe un n-simplexe s de $\Gamma(p(\eta,\psi))$ en posant, pour $b \in B_q$, $\sigma : (\Delta_q) \longrightarrow (\Delta_n)$, $x \in b^*(X)_q$ et $\tau = b^*(\eta)(x)$

$$\psi^*(b)(s(b,\sigma)(x)) = f(\eta^*(b)(x),\sigma(\tau)).$$

L'application ainsi définie est un isomorphisme.

Remarquons que dans le cas particulier où η et ψ sont les deuxièmes projections $F \times B \longrightarrow B$ et $G \times B \longrightarrow B$ alors $\mathcal{S}(\eta,\psi)$ est le produit $S(F,G) \times B$, et l'isomorphisme du lemme est l'isomorphisme classique

$$S(B \times F, G) \simeq S(B,S(F,G)).$$

<u>Démonstration du lemme</u>.

Il est immédiat que la formule détermine f et s l'un par l'autre. Il reste à montrer que les applications définies par cette formule sont bien simpliciales.

a) $s(b,\sigma) : b^*(X) \to b^*(Y)$ est simpliciale

Comme

$$\begin{aligned}\psi^*(b)(s(b,\sigma)(d_i x)) &= f(\eta^*(b)(d_i x),\sigma(d_i\tau))\\ &= d_i(f(\eta^*(b)(x),\sigma(\tau)))\\ &= \psi^*(b)(d_i(s(b,\sigma)(x)))\end{aligned}$$

on obtient la compatibilité de $s(b,\sigma)$ avec les opérations faces. La compatibilité avec les opérations dégénérescences s'obtient de la même manière.

b) $s : B \times (\Delta_n) \longrightarrow \mathcal{S}(\eta,\psi)$ est simpliciale.

Notons $\tilde{\delta}_i$ (resp. $\tilde{\delta}_i^!$) l'application naturelle de $(d_i b)^*(X)$ dans $b^*(X)$ (resp. de $(d_i b)^*(Y)$ dans $b^*(Y)$) au-dessus de $\delta_i : (\Delta_{q-1}) \longrightarrow (\Delta_q)$. Pour y dans $(d_i b)^*(X)$, on a

$$\tilde{\delta}_i^!(d_i(s(b,\sigma))(y)) = s(b,\sigma)(\tilde{\delta}_i y)$$

comme on le voit sur le diagramme commutatif

$$\begin{array}{ccc} (d_i b)^*(X) & \xrightarrow{\;d_i(s(b,\sigma))\;} & (d_i b)^*(Y)\\ \Big\downarrow{\scriptstyle\tilde{\delta}_i} & & \Big\downarrow{\scriptstyle\tilde{\delta}_i^!}\\ b^*(X) & \xrightarrow{\;s(b,\sigma)\;} & b^*(Y)\end{array}$$

Maintenant si $\tau' = \psi^*(d_i b)(y)$ est la projection de y dans (Δ_{q-1}), on a

$$\begin{aligned}\psi^*(d_i b)(s(d_i b,d_i\sigma)(y)) &= f(\eta^*(b)(\tilde{\delta}_i(y)),\sigma(\delta_i(\tau')))\\ &= \psi^*(b)(s(b,\sigma)(\tilde{\delta}_i(y)))\\ &= \psi^*(b)(\tilde{\delta}_i^!(d_i(s(b,\sigma))(y)))\end{aligned}$$

Ceci donne la compatibilité avec les opérations faces (même calcul pour la compatibilité avec les opérations dégénérescences).

c) $S_B(\eta,\psi) \longrightarrow \Gamma(p(\eta,\psi))$ est simpliciale.

On a $d_i f = f \circ (B \times \delta_i)$ et $d_i s = s \circ (B \times \delta_i)$. Soit $\sigma' \in (\Delta_{n-1})_q$

$$\begin{aligned}d_i f(\eta^*(b)(x),\sigma'(\tau)) &= f(\eta^*(b)(x),\delta_i(\sigma'(\tau)))\\ &= \psi^*(b)(s(b,\delta_i(\sigma'))(x))\\ &= \psi^*(b)(d_i s(b,\sigma')(x))\end{aligned}$$

(même calcul pour les dégénérescences).

Considérons η,ψ,λ des objets de K'_B. les applications naturelles

$$\mathrm{Hom}_{(\Delta_q)}(b^*(\eta),b^*(\psi)) \times \mathrm{Hom}_{(\Delta_q)}(b^*(\psi),b^*(\lambda)) \longrightarrow \mathrm{Hom}_{(\Delta_q)}(b^*(\eta),b^*(\lambda))$$

déterminent un B-morphisme

$$\mathcal{S}(\eta,\psi)\times_B \mathcal{S}(\psi,\lambda) \longrightarrow \mathcal{S}(\eta,\lambda)$$

où $\times_B$ est le produit dans K'_B. Si de plus, η,ψ,λ sont surjectifs, en appliquant le foncteur Γ on obtient le morphisme naturel

$$S_B(\eta,\psi) \times S_B(\psi,\lambda) \longrightarrow S_B(\eta,\lambda)$$

Avant d'expliciter le foncteur $\mathcal{S}$ sur les fibrés localement triviaux rappelons quelques définitions. Une application $\eta : X \to B$ est un fibré localement trivial de fibre F, si pour tout q-simplexe $b : (\Delta_q) \to B$, l'application induite $b^*(\eta) : b^*(X) \to (\Delta_q)$ est (Δ_q)-isomorphe à la deuxième projection $F \times (\Delta_q) \to (\Delta_q)$. Un fibré localement trivial est un fibré de Kan. Un exemple important de fibrés localement triviaux est donné par les produits tordus dont on va rappeler la construction.

On appelle relèvement d'une application simpliciale $f : X \to Y$ une application $r : Y \to X$ telle que

$$f \circ r = Y,\ s_i \circ r = r \circ s_i \text{ si } i \geqslant 0,\ d_i \circ r = r \circ d_i \text{ si } i \geqslant 1.$$

On montre, séminaire Cartan [3], que si f est un fibré, tout relèvement défini sur un sous-ensemble simplicial de Y se prolonge en un relèvement défini sur tout Y.

Un groupe simplicial est un foncteur contravariant de Δ^* dans la catégorie des groupes. C'est également un "groupe" de la catégorie K'_{point}. L'ensemble simplicial sous-jacent à un groupe simplicial est un ensemble simplicial de Kan (voir par exemple [13]).

Soit un groupe simplicial G opérant principalement à droite sur un ensemble simplicial X (une opération $X \times G \to X$ est principale si $x.g = x$ pour un x de X entraine que g est l'élément neutre de G). L'application de X sur l'ensemble simplicial quotient $B = X/G$ est un fibré qu'on appelle fibré principal de groupe structural G. Si G opère à gauche sur un ensemble simplicial F, on définit une opération à gauche de G sur le produit $F \times X$ en posant

$$g(f,x) = (gf,xg^{-1}),\ g \in G,\ f \in F,\ x \in X.$$

L'application $(F \times X)/G \to X/G$ est alors un fibré de fibre F associé au fibré principal $X \to X/C$.

Considérons un relèvement $r : B \to X$ du fibré principal $X \to B$. Pour chaque $b \in B$, les simplexes $r(d_0 b)$ et $d_0 r(b)$ ont même projection. L'opération étant principale il existe un simplexe unique $t(b) \in G$ tel que

$$d_0 r(b) = r(d_0 b) t(b).$$

L'application $t : B \longrightarrow G$ ainsi définie envoie B_q dans G_{q-1} et vérifie

$$t(d_0 b)\, d_0 t(b) = t(d_1 b)$$

$$d_i t(b) = t(d_{i+1} b), \quad i > 0$$

(1) $$s_i t(b) = t(s_{i+1} b), \quad i \geqslant 0$$

$t(s_0 b) = e_q$, $b \in B_q$, e_q désignant l'élément neutre de G_q.

Une application $t : B \rightarrow G$ telle que $t(B_q) \subset G_{q-1}$ et vérifiant les conditions (1) est appelée une fonction tordante, [13].

Si on se donne une fonction tordante $t : B \to G$ et une opération à gauche $G \times F \to F$ de G sur un ensemble simplicial F, on définit un ensemble simplicial $F \times_t B$ en posant $(F \times_t B)_n = F_n \times B_n$ et en définissant les opérations simpliciales comme étant le produit des opérations simpliciales de F et de B sauf pour d_0 où l'on pose

$$d_0(f,b) = (t(b) d_0 f, d_0 b), \quad f \in F_n, b \in B_n.$$

L'ensemble simplicial $F \times_t B$ est appelée produit tordu par t et l'application $F \times_t B \to B$, déterminée par la deuxième projection, est un fibré de Kan. De plus, si $F = G$, G opérant sur lui-même par translation à gauche, on obtient un fibré principal (l'opération à droite de G sur $G \times_t B$ est définie par $(g,b)g' = (gg',b)$, $g,g' \in G, b \in B$) et le fibré $F \times_t B \to B$ est le fibré, de fibre F, associé à ce fibré principal. Remarquons que $r : B \to G \times_t B$ défini par $r(b) = (e_q, b)$, $b \in B_q$, est un relèvement et que t est la fonction tordante définie par ce relèvement.

Soient G et H des groupes simpliciaux opérant à gauche respectivement sur X et Y. On définit une opération à gauche du groupe produit $G \times H$ sur $S(X,Y)$ en posant

$$((g,h)u)(x,\sigma) = (h \circ \sigma)(u((g \circ \sigma)^{-1} x, \sigma))$$

où $u \in S_n(X,Y)$, $x \in X_q$, $\sigma = (\Delta_q) \to (\Delta_n)$, $g \in G_n$, $h \in H_n$ ($g \circ \sigma$ et $h \circ \sigma$ sont des applications $(\Delta_q) \to G$ et $(\Delta_q) \to H$).

Pour deux fonctions tordantes $t : B \to G$, $t' : B \to G'$ on note $t \times t' : B \to G \times G'$ la fonction tordante produit définie par $(t \times t')(b) = (t(b),t'(b))$.

Dans la suite on identifiera un produit tordu $F \times_t B$ avec l'objet de K_B défini par la deuxième projection $F \times_t B \to B$.

Proposition I-3.

a) Si $\eta : X \to B$ et $\eta' : X' \to B$ sont des fibrés localements triviaux de fibre F et F' alors $p(\eta,\eta')$ est un fibré localement trivial de fibre $S(F,F')$.

b) Soient G et G' des groupes simpliciaux opérant à gauche respectivement sur des ensembles simpliciaux F et F' et $t : B \to G$, $t' : B \to G'$ des fonctions tordantes. On a un isomorphisme canonique

$$\mathcal{S}(F \times_t B, F' \times_{t'} B) \simeq S(F,F') \times_{t \times t'} B.$$

Démonstration.

a) Soient $u : F \times (\Delta_q) \to b^*(X)$ et $u' : F' \times (\Delta_q) \to b^*(X')$ des trivialisations ((Δ_q)-isomorphismes) de η et η' au-dessus du q-simplexe $b : (\Delta_q) \to B$ de B. Pour tout n-simplexe $\sigma : (\Delta_n) \to (\Delta_q)$, u induit une trivialisation

$$u_\sigma : F \times (\Delta_n) \to \sigma^* b^*(X).$$

On définit de la même manière une trivialisation u'_σ de $\sigma^* b^*(X')$. On obtient une trivialisation de $p(\eta,\eta')$ au-dessus de b en associant au n-simplexe (h,σ) de $S(F,F') \times (\Delta_q)$ le n-simplexe $u'_\sigma \circ (h \times (\Delta_n)) \circ u_\sigma^{-1}$.

b) Prenons $X = F \times_t B$ et $X' = F' \times_{t'} B$ et u et u' les trivialisations canoniques au-dessus de b. (On a $b^*(X) = F \times_{tob} (\Delta_q)$ et u est déterminé par $u(x,\Delta_q) = (x,\Delta_q)$, $x \in F_q$). On définit une trivialisation

$$u'' : S(F,F') \times (\Delta_q) \longrightarrow \sum_{\sigma \in (\Delta_q)_n} \mathrm{Hom}_{(\Delta_n)}((b \circ \sigma)^*(\eta),(b \circ \sigma)^*(\eta'))$$

de $p(\eta,\eta')$ au-dessus de b en posant

$$u''(h,\sigma) = u'_\sigma \circ h \circ (u_\sigma)^{-1}$$

(le n-simplexe h de $S(F,F')$ est considéré comme un (Δ_n)-morphisme $F \times (\Delta_n) \longrightarrow F' \times (\Delta_n)$). La fonction tordante définie par cette trivialisation est $t \times t'$.

4. Appendice. Base non fixée.

Remarquons que si on a deux applications simpliciales $p : X \to B$ et $q : Y \to C$, et si $h : X \to Y$ est une application fibrée (il existe $\overline{h} : B \to C$ tel que $q \circ h = \overline{h} \circ p$), on n'a pas d'application naturelle de Sec(p) dans Sec(q). On va cependant montrer que si p et q sont des fibrés ayant le même type d'homotopie, les ensembles simpliciaux $\Gamma(p)$ et $\Gamma(q)$ ont le même type d'homotopie.

Deux applications fibrées $f_i : X \to Y$, $i = 0,1$, sont homotopes s'il existe une application fibrée $f : X \times (\Delta_1) \to Y$ (au-dessus d'une application $B \times (\Delta_1) \to C$) telle que f considérée comme un 1- simplexe de S(X,Y) vérifie $d_0 f = f_1$, $d_1 f = f_0$. On appelle f une homotopie fibrée de f_0 à f_1.

Une équivalence d'homotopie fibrée est une application fibrée "inversible à homotopie prés". S'il existe une équivalence d'homotopie entre deux fibrés on dit que ces fibrés ont même type d'homotopie.

Proposition I-4.

Soit $h : X \to Y$ une équivalence d'homotopie fibrée du fibré $p : X \to B$ dans le fibré $q : Y \to C$. Pour tout 0-simplexe b de B, h induit une équivalence d'homotopie entre la fibre de p au-dessus de b et la fibre de q au-dessus de $\overline{h}(b)$ ($\overline{h} : B \to C$ est l'application induite par h).

Rappelons que la démonstration de cette proposition s'obtient à partir de deux lemmes. Un premier lemme sur le type d'homotopie des fibres d'un fibré de Kan (démonstration classique).

Lemme 1.2.

On se donne un fibré de Kan $p : X \to B$ et un sommet $b \in B$. Notons X_b la fibre de p au-dessus de b et soit $c : (\Delta_1) \to B$ un 1-simplexe de B tel que le 0-simplexe $d_1 c = c(d_1 \Delta_1)$ soit b. Soit $\eta : X_b \times (\Delta_1) \to X$ une application fibrée, du fibré trivial $X_b \times (\Delta_1) \to (\Delta_1)$ dans le fibré p, induisant c.

$$\begin{array}{ccc} X_b \times (\Delta_1) & \xrightarrow{\eta} & X \\ \downarrow & & \downarrow p \\ (\Delta_1) & \xrightarrow{c} & B \end{array}$$

On considère η comme un 1-simplexe de $S(X_b, X)$. Si $d_1\eta : X_b \to X$ est l'inclusion, alors

$$d_0\eta : X_b \to p^{-1}(d_0 c)$$

est une équivalence d'homotopie.

En particulier on déduit de ce lemme que deux fibres d'un fibré de Kan, au-dessus de deux sommets de la même composante connexe, ont même type d'homotopie. Le deuxième lemme se déduit des propriétés des isomorphismes dans une catégorie.

Lemme I-3.

Soient $u : K \to L$, $v : L \to M$, $w : M \to N$ des applications simpliciales telles que $v \circ u$ et $w \circ v$ soient des équivalences d'homotopie, alors u, v, w sont des équivalences d'homotopie.

Démonstration de la proposition.

Soit $(k, \bar{k})$ un inverse homotopique de $(h, \bar{h})$. Notons K et M les fibres de p au-dessus de b et de $\bar{k} \circ \bar{h}(b)$ et L et N les fibres de q au-dessus de $h(b)$ et de $\bar{h} \circ \bar{k} \circ \bar{h}(b)$. Comme $k \circ h \sim id_X$ et $h \circ k \sim id_Y$, d'après le lemme I-1 les applications $k_{|L} \circ h_{|K}$, $h_{|M} \circ k_{|L}$ sont des équivalences d'homotopie (on désigne par $h_{|K}, k_{|L}, h_{|M}$ les restrictions de h et k aux fibres K, L et M). La proposition se déduit alors du deuxième lemme.

Corollaire.

$\Gamma(p)$ et $\Gamma(q)$ sont de même type d'homotopie.

II. B-FIBRES PRINCIPAUX

Les fibrés apparaissant dans la décomposition de Postnikov d'un fibré en groupes (cf. § 1, ci-dessous) sont des B-fibrés principaux. Après les avoir étudiés dans le paragraphe 2, on en donne dans le paragraphe 3 une construction systématique par les B-produits tordus. Ensuite, dans le paragraphe suivant, on construit un classifiant ce qui donne une théorie d'obstruction au relèvement des B-morphismes.

1. B-groupes et fibrés en groupes.

La catégorie K'_B est à produits et à objet final. On peut donc définir des structures de groupes sur les objets de K'_B.

On note $X \times_B X' \to B$ le produit dans K'_B des objets $X \to B$ et $X' \to B$.

Définition II-1.

Une structure de groupe sur un objet $\eta : \mathcal{G} \to B$ de K'_B est la donnée

d'un B-morphisme opération

$$\lambda : \mathcal{G} \times_B \mathcal{G} \to \mathcal{G}$$

d'une section neutre

$$e : B \to \mathcal{G}$$

d'un B-morphisme inverse

$$v : \mathcal{G} \to \mathcal{G}$$

tels que si g, g', g'' sont des simplexes de $\mathcal{G}$ se projetant sur le même simplexe b de B, on ait

$$\lambda(g,\lambda(g',g'')) = \lambda(\lambda(g,g'),g'')$$

$$\lambda(e(b),g) = \lambda(g,e(b)) = g$$

$$\lambda(g,v(g)) = \lambda(v(g),g) = e(b)$$

Muni de cette structure η est appelé un B-groupe. Si de plus $\lambda(g,g') = \lambda(g',g)$ on dit que η est abélien.

Dans la suite, on notera gg' pour $\lambda(g,g')$ et g^{-1} pour $v(g)$.

Soit $\mathcal{G}_{q,b}$ le sous-ensemble de $\mathcal{G}_q$ se projetant sur le q-simplexe b de B. La définition entraine immédiatement

- $\mathcal{G}_{q,b}$ est un groupe dont l'élément neutre est $e(b)$.
- Les opérations simpliciales $d_i : \mathcal{G}_{q,b} \to \mathcal{G}_{q-1,d_ib}$ et $s_i : \mathcal{G}_{q,b} \to \mathcal{G}_{q+1,s_ib}$ sont des morphismes de groupes.

- Les fibres de η sont des groupes simpliciaux.

Un B-morphisme $u : \mathcal{G} \to \mathcal{G}'$ de B-groupe $\eta : \mathcal{G} \to B$ dans le B-groupe $\eta' : \mathcal{G}' \to B$ est un <u>morphisme de B-groupes</u> s'il vérifie, pour tout couple de simplexes (g_1, g_2) de $\mathcal{G}$ tels que $\eta(g_1) = \eta(g_2)$, l'égalité $u(g_1, g_2) = u(g_1)u(g_2)$. En particulier u induit un homomorphisme $\mathcal{G}_{q,b} \to \mathcal{G}'_{q,b}$ pour tout b de B, donc un morphisme de groupes simpliciaux entre les fibres correspondantes de η et η'.

Si $\psi : X \to B$ est un objet de K'_B et $\eta : \mathcal{G} \to B$ un B-groupe, la structure de η induit une structure de groupe simplicial sur $S_B(\psi, \eta)$. Un groupe simplicial étant un ensemble simplicial de Kan ([13], théorème 17.1), $S_B(\psi, \eta)$ et $\Gamma(\eta)$ vérifient la condition d'extension de Kan même si η n'est pas un fibré.

<u>Exemple</u> 1.

Soit $\tilde{B}$ un espace topologique. Considérons la catégorie dont les objets sont les applications continues $\tilde{X} \to \tilde{B}$. On peut considérer un "groupe" $\tilde{\eta} : \tilde{\mathcal{G}} \to \tilde{B}$ dans cette catégorie comme une famille continue de groupes dépendant d'un paramètre $b \in \tilde{B}$. L'application induite par $\tilde{\eta}$ entre les complexes singuliers de $\tilde{\mathcal{G}}$ et de $\tilde{B}$ est un B-groupe. Un exemple d'une famille continue de groupes est obtenu en considérant la famille des groupes topologiques d'automorphismes $\mathrm{Aut}(\tilde{X}_b)$ des fibres d'une application $\tilde{X} \to \tilde{B}$. Dans l'exemple ci-dessous on va expliciter la construction du B-groupe correspondant à cette famille dans le cadre simplicial.

<u>Exemple</u> 2. (cf. I,3)

Considérons des applications simpliciales $\psi : X \to B$ et $\psi' : X' \to B$. Notons $I_B(\psi, \psi')$ le sous-ensemble simplicial, qui peut être vide, de $S_B(\psi, \psi')$ formé des q-simplexes $X \times (\Delta_q) \to X' \times (\Delta_q)$ qui sont des $B \times (\Delta_q)$-isomorphismes. Lorsque $\psi = \psi'$, on note simplement $I_B(\psi)$ le groupe simplicial des B-<u>automorphismes</u> de ψ. Considérons le sous-ensemble simplicial $\mathfrak{J}(\psi)$ de $\mathfrak{S}(\psi, \psi)$ dont le groupe des q-simplexes se projetant sur le q-simplexe b de B est le sous-ensemble de $\mathrm{Hom}_{(\Delta_q)}(b^*(\psi), b^*(\psi))$ formé par les 0-simplexes de $I_{(\Delta_q)}(b^*(\psi))$. L'application $p(\psi, \psi)$ induit un B-groupe $p(\psi) : \mathfrak{J}(\psi) \to B$. De la démonstration du lemme I-1 on déduit

$$I_B(\psi) = \Gamma(p(\psi))$$

Un cas particulier important de B-groupe est fourni par la structure de <u>fibré en groupes</u>. Un fibré en groupes est un B-groupe de la sous-catégorie de K'_B formé par la catégorie K_B des fibrés de base B. Un B-groupe $\eta : \mathcal{G} \to B$ est un fibré en groupes si et seulement si η est un fibré.

Soit G un groupe simplicial. La deuxième projection $G \times B \to B$ est un fibré en groupes appelé fibré en groupes <u>trivial</u>. Notons A(G) le groupe simplicial sous-ensemble simplicial de S(G,G) formé des q-simplexes $G \times (\Delta_q) \to G \times (\Delta_q)$ qui sont des (Δ_q)-isomorphismes du (Δ_q)-groupe trivial $G \times (\Delta_q)$. Le groupe simplicial A(G) est le groupe simplicial des <u>automorphismes de groupe</u> de G.

Les fibrés en groupes localement triviaux de fibre un groupe simplicial G et dont la structure de B-groupe est naturellement induite par celle de G sont les fibrés dont le groupe structural est A(G).

<u>Exemple</u> 3.

Si dans l'exemple 2, on prend pour application ψ la projection d'un fibré principal $G \to P \to B$, alors $p(\psi)$ est le fibré (en groupes) associé à P de fibre G, G opérant sur lui-même par automorphismes intérieurs. Le groupe des sections de ce fibré en groupes est isomorphe au groupe des G-automorphismes de tout fibré associé au fibré principal $P \to B$.

<u>Exemple</u> 4.

Les <u>fibrés de coefficients</u> sont les fibrés en groupes de fibre un groupe discret.

<u>Exemple</u> 5.(Cet exemple fera l'objet de la proposition II-8).

Soit

$$0 \to G' \to G \leftrightarrows G'' \to 1$$

une suite exacte de groupes simpliciaux scindée avec G' abélien (par exemple la suite du corollaire 2 du théorème III-1). En appliquant le foncteur $\overline{W}$ (voir [13] ou [3] exposé 4). On obtient un fibré ([18] appendice).

$$\overline{W}G' \to \overline{W}G \leftrightarrows \overline{W}G''$$

qui admet une structure naturelle de fibrés en groupes abéliens.

2) B-<u>fibrés principaux</u>.

Soient $\eta : \mathcal{G} \to B$ un B-groupe de section neutre e et $\psi : E \to B$

une application simpliciale. Un B-morphisme $\mu : \mathcal{G} \times_B E \to E$ est un opération (à gauche) de η sur ψ si pour tout $g, g' \in \mathcal{G}$, $x \in E$, se projetant sur le même simplexe b de B, on a

$$\mu(g,\mu(g',x)) = \mu(gg',x)$$
$$\mu(e(b),x) = x$$

En particulier μ induit une opération des fibres de η sur les fibres correspondantes de ψ. Dans la suite on écrira gx pour $\mu(gx)$.

On dit que η opère <u>principalement</u> sur ψ si $gx = x$ pour un x de E entraine g est dans l'image de la section neutre. Par multiplication η opère principalement à gauche et à droite sur lui même.
Soit $\eta : \mathcal{G} \to B$ opérant à droite sur $\psi : E \to B$. On introduit une relation d'équivalence sur E en définissant x équivalent à x' si il existe g dans $\mathcal{G}$ tel que $xg = x'$ (ce qui entraine $\psi(x) = \psi(x')$). On note $E/\mathcal{G}$ l'ensemble simplicial quotient. L'application ψ induit une application $\overline{\psi} : E/\mathcal{G} \to B$.

<u>Proposition</u> II-1.

a) Considérons une opération d'un B-groupe $\eta : \mathcal{G} \to B$ sur $\psi : E \to B$. Si η est un fibré en groupes et si l'opération est principale alors la surjection canonique $E \to E/\mathcal{G}$ est un B-fibré.

b) Si de plus $\psi : E \to B$ est un fibré, alors $\overline{\psi} : E/\mathcal{G} \to B$ est un fibré.

<u>Définition</u> II-2.

Sous les hypothèses de la partie a de proposition II-1, le B-fibré $E \to E/\mathcal{G}$ est appelé B-<u>fibré principal</u> de <u>fibré structural</u> $\eta : \mathcal{G} \to B$.

<u>Démonstration de la proposition</u> II-1.

a) Il suffit de vérifier que la surjection canonique $f : E \to E/\mathcal{G}$ est un fibré. Considérons n+1 n-simplexes $x_0,\dots,x_{k-1}, x_{k+1},\dots,x_{n+1}$ de E et y un (n+1)-simplexe de $E/\mathcal{G}$ tels que, pour $i \neq k$, $j \neq k$, et $0 \leqslant i < j \leqslant n+1$, $d_i x_j = d_{j-1} x_i$ et pour $i \neq k$ $f(x_i) = d_i y$.

Prenons z dans E tel que $f(z) = y$. Pour tout $i \neq k$, il existe g_i dans $\mathcal{G}$ vérifiant $d_i z = x_i g_i$. Pour $i < j$, $i \neq k$, $j \neq k$, on a

$$\begin{aligned} d_i(x_j g_j) &= d_i d_j z \\ &= d_{j-1} d_i z \\ &= d_{j-1}(x_i g_i) \end{aligned}$$

Comme l'opération est principale $d_i g_j = d_{j-1} g_i$. L'application η étant un fibré, il existe g dans $\mathcal{G}$ satisfaisant à $d_i g = g_i$ pour $i \neq k$. Posons $x = zg^{-1}$, alors $d_i x = x_i$, $i \neq k$, et $f(x) = y$.

La démonstration de b utilise le résultat suivant dont la démonstration classique se trouve par exemple dans [13].

Lemme II-1.

Considérons une application simpliciale $\chi : X \to B$ et un sous-ensemble Σ de $r+1$ éléments de l'ensemble $\{0,1,\dots,q+1\}$. On se donne un $(q+1)$-simplexe b de B et pour chaque i de Σ un q-simplexe x_i de X tels que

$$d_i x_j = d_{j-1} x_i \text{ pour } i \in \Sigma,\ j \in \Sigma,\ i < j,$$
$$\chi(x_i) = d_i b \text{ pour } i \in \Sigma.$$

Alors si χ est un fibré il existe un $(q+1)$-simplexe x de X tel que

$$d_i x = x_i \text{ pour } i \in \Sigma \quad \text{et } \chi(x) = b.$$

b) Soient $y_0,\dots,y_{k-1},y_{k+1},\dots,y_{n+1}$ des n-simplexes de $E/\mathcal{G}$ et un $(n+1)$-simplexe b de B vérifiant

$$d_i y_j = d_{j-1} y_i,\ i \neq k,\ j \neq k,\ i < j$$

et tels que y_j se projette sur $d_j b$. On va montrer qu'il existe des n-simplexes $x_0,\dots,x_{k-1},x_{k+1},\dots,x_{n+1}$ de E tels que x_i soit un représentant de y_i et $d_i x_j = d_{j-1} x_i$, pour i, $j \neq k$, $i < j$. On les construit par récurrence. Supposons $x_0,\dots,x_{s-1}$ déjà définis de manière que $d_i x_j = d_{j-1} x_i$ pour $i < j < s$. On cherche x_s, représentant de y_s, tel que $d_i x_s = d_{s-1} x_i$ pour $i < s$. Soit x'_s un représentant de y_s et soient g_{js}, $j < s$, tels que

$$d_j x'_s g_{js} = d_{s-1} x_j.$$

Pour $i < j$, on a

$$d_i(d_j x'_s g_{js}) = d_{j-1} d_i x'_s\, d_i g_{js} = d_{s-2} d_i x_j = d_{s-2} d_{j-1} x_i = d_{j-1} d_{s-1} x_i$$
$$= d_{j-1}(d_i x'_s g_{is}) = d_{j-1} d_i x'_s\, d_{j-1} g_{is}.$$

Comme $\mathcal{G}$ opère principalement, on a

$$d_i g_{js} = d_{j-1} g_{is}.$$

D'après le lemme précédent, $\mathcal{G} \to B$ étant un fibré il existe un simplexe $g_s \in \mathcal{G}$, se projetant sur $d_s b$, tel que $d_i g_s = g_{is}$ pour $i < s$. On pose $x_s = x'_s g_s$. L'application $E \to B$ étant un fibré il existe x se projetant sur b et tel que $d_i x = x_i$, $i \neq k$. La classe de x dans

$E/\mathcal{G}$ est solution du problème d'extension posé.

Si le fibré en groupes η opère à gauche sur $\alpha : F \to B$. On définit une opération à droite de η sur $F \times_B E \to B$ en posant

$$(y,x)g = (g^{-1}y, xg)$$

pour $(x,y,g) \in E \times_B F \times_B \mathcal{G}$. Cette opération est principale ce qui entraine que la surjection canonique $F \times_B E \to (F \times_B B)/\mathcal{G}$ est un B-fibré principal. Si de plus α est un <u>fibré</u> alors $F \times_B E \to E \to E/\mathcal{G}$ est un B-fibré. En remplaçant B par $E/\mathcal{G}$ dans la partie b de la proposition II-1 on déduit que $(E \times_B E)/\mathcal{G} \to E/\mathcal{G}$ est un B-fibré qu'on appelle B-fibré de <u>fibre</u> α <u>associé</u> au B-fibré principal $E \to E/\mathcal{G}$.

<u>Remarque</u> II-1.

Considérons un B-fibré $f : E^* \to X$ de <u>fibre</u> $\alpha : F \to B$ associé à un B-fibré principal. Si la "base" $\chi : X \to B$ n'admet pas de section, f <u>n'a pas</u> de B-fibre. Mais même si χ admet des sections, les B-fibres au-dessus ne sont pas forcément isomorphes à α. Par exemple un fibré principal $P \to B$ de groupe structural G est un B-fibré principal de fibré structural $G \times B$ et la B-fibre au-dessus de 1_B est $P \to B$. Cependant pour un B-fibré principal $E \to X$ les propriétés suivantes sont équivalentes.

i) $E \to B$ admet une section

ii) Il existe une B-fibre isomorphe au fibré structural de $E \to X$.

Cette équivalence est fausse pour un B-fibré non principal.

<u>Proposition</u> II-2.

Soit $\psi : Y \to B$ et soit $f : E \to Y$ un B-fibré principal de fibré structural $\eta : \mathcal{G} \to B$. Alors pour tout objet de K'_B, $\chi : X \to B$, le fibré

$$S_B(\chi, \psi \circ f) \longrightarrow S_B(\chi,\psi)$$

est principal. Son groupe structural est $S_B(\chi,\eta)$.

<u>Démonstration</u>.

L'opération principale $\mu : E \times_B \mathcal{G} \to E$ induit une opération principale

$$S_B(\chi,\psi \circ f) \times S_B(\chi,\eta) \longrightarrow S_B(\chi,\psi \circ f)$$

Le fibré $S_B(\chi,\psi \circ f) \longrightarrow S_B(\chi,\psi)$ induit un morphisme

$$S_B(\chi,\psi \circ f) \,/\, S_B(\chi,\eta) \longrightarrow S_B(\chi,\psi)$$

Montrons qu'il est injectif. Soient u et u' des B-morphismes $X \times (\Delta_q) \to E$ tels que $f \circ u = f \circ u'$. L'opération μ étant principale, on définit $a : X \times (\Delta_q) \to \mathcal{G}$ en posant :

$$u'(x,\sigma)\; a(x,\sigma) = u(x,\sigma) \qquad (x,\sigma) \in X \times (\Delta_q)$$

On vérifie immédiatement que a est un q-simplexe de $S_B(\chi,\eta)$. On a donc un diagramme commutatif

$$\begin{array}{ccc} & S_B(\chi,\psi \circ f) & \\ \swarrow & & \searrow \\ S_B(\chi,\psi) & \hookleftarrow & S_B(\chi,\psi \circ f)/S_B(\chi,\eta) \end{array}$$

dont la première flèche verticale est le fibré de la proposition, la deuxième flèche verticale est un fibré principal de groupe structural $S_B(\chi,\eta)$ d'où la proposition.

Considérons $E \to X$ et $E' \to X'$ deux B-fibrés principaux de même fibré structural $\eta : \mathcal{G} \to B$. Un B-morphisme $\theta : E \to E'$ est un η-<u>morphisme</u> si pour tout $(x,g) \in E \times_B \mathcal{G}$, on a

$$\theta(xg) = \theta(x)g$$

θ induit un B-morphisme $\overline{\theta} : X \to X'$.

L'image réciproque d'un B-fibré principal $E \to X$ de fibré structural η par un B-morphisme $\overline{v} : Y \to X$ est de manière naturelle un B-fibré principal $\overline{v}^*(E) \to Y$ de même fibré structural. L'application canonique $v : \overline{v}^*(E) \to E$ est un η-morphisme.

<u>Théorème</u> II-1.

Soit $h : Y \to X \times (\Delta_1)$ un B-fibré principal de fibré structural $\eta : \mathcal{G} \to B$. Notons $f : E \to X$ la restriction de h au-dessus de $X \simeq X \times (d_1\Delta_1)$. Alors h est η-isomorphe à un B-fibré principal $E \times (\Delta_1) \to X \times (\Delta_1)$ (η opérant trivialement sur (Δ_1)).

On ne fera qu'indiquer la démonstration de ce théorème celle ci étant calquée sur la démonstration du théorème similaire pour les fibrés principaux, par exemple voir théorème 1 de l'exposé 4 de [3].

Soient $f : E \to X$ et $f' : E' \to X'$ des B-fibrés principaux de fibrés structural $\eta : \mathcal{G} \to B$. On note $E \times_\eta E'$ l'ensemble simplicial quotient de $E \times_B E'$ par la relation d'équivalence déduite de l'opération de η sur $E \times_B E'$ définie par

$$(y,y')g = (yg,y'g) \quad (y,y',g) \in E \times_B E' \times_B \mathcal{G}.$$

Rappelons les trois résultats utilisés pour la démonstration du théorème.

i) Le B-morphisme

$$E \times_\eta E' \longrightarrow X \times_B X'$$

induit par $f \times_B f'$ est un B-fibré.

ii) Les η-morphismes $E \to E'$ induisant le B-morphisme $\overline{\theta} : X \to X'$ sont en bijection avec les B-morphismes $X \to E \times_\eta E'$ se projetant par le fibré de i sur le B-morphisme $x \to (x, \overline{\theta}(x))$ de X dans $X \times_B X'$.

iii) Chaque η-morphisme $E \to E'$ induisant $\overline{\theta} : X \to X'$ sa factoris canoniquement par un η-isomorphisme $E \to \overline{\theta}^*(E^*)$ induisant 1_X.

Notons $Y_1 = E \times (\Delta_1)$, $X_1 = X \times (\Delta_1)$. Pour montrer le théorème considérons l'application

$$\Phi : S_B(X, Y_1 \times_\eta Y) \longrightarrow (S_B(X, X_1 \times_B X_1)$$

qui d'après i et la proposition I-2, a, est un fibré. D'après ii l'inclusion $E \to Y$ définit un B-morphisme

$$\sigma_1 : X \longrightarrow E \times_\eta Y \subset Y_1 \times_\eta Y$$

L'application diagonale

$$\tau : X_1 \longrightarrow X_1 \times_B X_1$$

est un 1-simplexe de $S_B(X, X_1 \times_B X_1)$. Comme $\Phi\sigma_1 = d_1\tau$, la condition d'extension de Kan entraine l'existence d'un 1-simplexe $\sigma : X_1 \to Y_1 \times_\eta Y$ tel que $d_1\sigma = \sigma_1$ et $\Phi(\sigma) = \tau$. D'après ii, σ définit un η-morphisme $Y_1 \to Y$ induisant 1_{X_1} qui est donc, d'après i, un η-isomorphisme.

<u>Corollaire</u>.

Soit $E' \to X'$ un B-fibré principal de fibré structural η. Si deux B-morphismes $X \to X'$ sont B-homotopes alors les B fibrés-principaux induits au-dessus de X sont η-isomorphes

3. B-produits tordus.

Pour "tordre" un produit de deux objets de K'_B, $\psi : F \to B$ et $\chi : X \to B$, on modifie l'opérateur d_0 de $F \times_B X$. Pour cette modification on utilise, comme dans le cas classique, l'opération d'un B-groupe $\eta : \mathcal{G} \to B$ sur ψ. Les B-fonctions tordantes sont alors des applications $t : X \to \mathcal{G}$ vérifiant $\eta \circ t = \psi \circ d_0$, les autres propriétés étant les propriétés habituelles des fonctions tordantes [13]. Les B-produits tordus obtenus donnent l'expression générale des B-fibrés associés à un B-fibré principal.

Définition II-3.

Soient $\eta : \mathcal{G} \to B$ un B-groupe et $\chi : X \to B$ un objet de K'_B. On appelle B-fonction tordante une application $t : X \to \mathcal{G}$ telle que t_q envoie X_q dans $\mathcal{G}_{q-1}$, pour tout $q \geqslant 1$, et vérifiant

i) pour $q \geqslant 1$ le diagramme suivant est commutatif

$$\begin{array}{ccc} X_q & \xrightarrow{t_q} & \mathcal{G}_{q-1} \\ \downarrow & & \downarrow \\ B_q & \xrightarrow{d_0} & B_{q-1} \end{array}$$

ii) les égalités suivantes sont vérifiées

$$(\mathrm{I}) \qquad \begin{aligned} d_0 t(x) &= (t(d_0 x))^{-1} t(d_1 x), \text{ pour } x \in X_q,\ q \geqslant 1 \\ d_i t(x) &= t(d_{i+1} x),\ i > 0,\ x \in X_q (q \geqslant 1) \\ s_i t(x) &= t(s_{i+1} x),\ i \geqslant 0,\ x \in X_q (q \geqslant 1) \\ t(s_0 x) &= e(\chi(x)),\ x \in X_q (q \geqslant 0), \text{ e section neutre de } \eta. \end{aligned}$$

Supposons que η opère à gauche sur un objet $\psi : F \to B$ de K'_B. Les propriétés de t permettent de construire un ensemble simplicial $F \times_t X$ en posant :

- pour tout $n \geqslant 0$, $(F \times_t X)_n = F_n \times_{B_n} X_n$, produit fibré des applications $F_n \to B_n$ et $X_n \to B_n$. Un n-simplexe de $F \times_t X$ est donc un couple de n-simplexes $(f,x) \in F \times X$ tels que $\psi(f) = \chi(x)$.
- pour tout $n \geqslant 0$ et tout i, $0 < i \leqslant n$

$$\begin{aligned} d_i(f,x) &= (d_i f, d_i x),\ i > 0, \\ d_0(f,x) &= (t(x) d_0 f, d_0 x), \\ s_i(f,x) &= (s_i f, s_i x),\ 0 \leqslant i \leqslant n, \end{aligned}$$

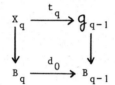

où (f,x) est un n-simplexe de $F \times_t X$. Ces opérations d_i et s_i satisfont aux relations usuelles des opérations simpliciales, à cause des relations (I).

Définition II-4.

$F \times_t X$ est appelé B-produit tordu de B-groupe structural $\mathcal{G} \to B$, de fibre $F \to B$ et de B-fonction tordante t. Si $\mathcal{G} \to B$ opère sur lui-même par multiplication à gauche, on dit B-produit tordu principal.

Proposition II-2.

Si $\psi : F \to B$ est un fibré, l'application $F \times_t X \to X$ induite par la projection sur le deuxième facteur est un B-fibré. Dans le cas où $\psi = \eta$ (η est alors un fibré en groupes) η opérant sur lui-même par translation à gauche, $\mathcal{G} \times_t X \to X$ est un B-fibré principal de fibré structural η opérant à droite par $(g',x)g = (g'g,x)$.

Démonstration.

Montrons d'abord que $F \times_t X \to X$ est un fibré. Soient $x \in X_{q+1}$ et $(f_0,x_0),\dots,(f_{k-1},x_{k-1}),(f_{k+1},x_{k+1}),\dots,(f_{q+1},x_{q+1})$ des q-simplexes de $F \times_t X$ vérifiant, pour $i < j$ et $i,j \neq k$,

$$d_i(f_j,x_j) = d_{j-1}(f_i,x_i) \text{ et } x_i = d_i x.$$

i) Supposons $k = 0$.

Les f_i vérifiant, pour $0 < i < j$

$$d_i f_j = d_{j-1} f_i \text{ et } \psi(f_i) = \chi(x_i) = d_i b$$

où $b = \chi(x)$. Comme ψ est **un fibré,** il existe $f \in F_{q+1}$ tel que $d_i f = f_i$ et $\psi(f) = b$. Le $(q+1)$ -simplexe (f,x) de $F \times_t X$ résout l'extension posée.

ii) Si $k \neq 0$, on remplace f_0 par $t(x)^{-1} f_0$, et on continue comme en i).

Rappelons qu'une pseudo-section ou relèvement d'une application simpliciale $p : X \to Y$ est une fonction $\rho : Y \to X$ telle que $p \circ \rho = 1_Y$, $\rho \circ s_i = s_i \circ \rho$ pour $i \geqslant 0$, $\rho \circ d_i = d_i \circ \rho$ pour $i > 0$.

Sur les relèvements des fibrés rappelons le résultat suivant (cf. séminaire Cartan [3]).

Soit $p : E \to X$ un fibré $X' \subset X$ et $\rho' : X' \to p^{-1}(X') \subset E$ un relèvement de la restriction de p à X'. Il existe un relèvement $\rho : X \to E$ qui prolonge ρ'.

Par définition, un relèvement ρ d'un B-morphisme $f : E \to X$

est un relèvement de l'application simpliciale f. Tout B-fibré admet donc des relèvements.

Remarquons que le B-produit tordu principal $\mathcal{G} \times_t X$ admet le relèvement canonique $\rho(x) = (e(\eta(x)),x)$; où $x \in \mathcal{G}$, η est la projection de $\mathcal{G} \to B$ et e la section neutre.

<u>Proposition</u> II-3.

Soit $\eta : \mathcal{G} \to B$ un fibré en groupes opérant principalement à droite sur un objet $\psi : E \to B$ de K'_B et soit ρ un relèvement du B-fibré principal $f : E \to E/\mathcal{G}$. On peut identifier ce B-fibré principal avec le B-produit tordu principal $\mathcal{G} \times_t E/\mathcal{G}$ où la B-fonction tordante t est déterminée par :

$$d_0\rho(y) = \rho(d_0 y)t(y), \; y \in E/\mathcal{G}.$$

<u>Démonstration</u>.

Notons b la projection de y sur B. ρ étant un relèvement on a

$$f(d_0\rho(y)) = f(\rho(d_0 y)) = d_0 b.$$

Donc il existe un, et un seul t(y) dans $\mathcal{G}$ tel que $\eta(t(y))=d_0 b$ et vérifiant

$$d_0\rho(y) = \rho(d_0 y)t(y)$$

On voit facilement que t est une B-fonction tordante et que l'application

$$\begin{array}{ccc} \mathcal{G} \times_t E/\mathcal{G} & \longrightarrow & E \\ (g,y) & \longrightarrow & \rho(y)g \end{array}$$

est un η-isomorphisme de B-fibrés principaux.

<u>Corollaire</u>.

Si le B-fibré principal $E \to E/\mathcal{G}$ admet une section $E/\mathcal{G} \to E$, il est trivial dans K'_B.

<u>Démonstration</u>.

Dans ce cas t(y) est dans la section neutre de η et f est η-isomorphe au B-produit tordu trivial $\mathcal{G} \times_B E/\mathcal{G}$.

<u>Définition</u> II-5.

Soient $F \times_t X$ et $F \times_{t'} X'$ deux B-produits tordus de fibré structural $\mathcal{G} \to B$. Un morphisme de B-produits tordus $\theta : F \times_t X \to F \times_{t'} X'$ est une application simpliciale telle que, pour $(f,x) \in F \times_t X$, on ait

$$\theta(f,x) = (\mu(x)f, \pi(x)),$$

où $\pi : X \to X'$ est un B-morphisme et $\mu : X \to \mathcal{G}$ est une famille d'application $X_q \to \mathcal{G}_q$, $q \geqslant 0$, induisant l'identité sur B_q et vérifiant pour tout q-simplexe x de X

$$\mu_{q-1}(d_0 x)t(x) = t'(\pi(x))d_0\mu(x),$$
$$d_i\mu(x) = \mu(d_i x), \ i > 0,$$
$$s_i\mu(x) = \mu(s_i x), \ i \geqslant 0.$$

Dans le cas où $X = X'$ et $\pi = 1_X$, θ est un isomorphisme que l'on appelle isomorphisme fort et t et t' sont dites <u>équivalentes</u>.

4. <u>B-fibré universel</u>.

Nous allons introduire la construction W d'Eilenberg-Mac Lane (Moore, [2] exposés 12 et 13 et Cartan [3] exposé 4) dans la catégorie des fibrés en groupes.

Pour tout fibré en groupes $\mathcal{G} \underset{e}{\overset{\eta}{\rightleftarrows}} B$, il s'agit de construire un B-fibré principal

$$f : E \to X$$

de fibré structural $\eta : \mathcal{G} \to B$, muni d'un relèvement $\rho : X \to E$ et vérifiant les deux conditions suivantes :

i) la projection $X \to B$ induit une bijection $X_o \overset{\approx}{\to} B_o$.

ii) pour tout entier $n \geqslant 0$, l'application

$$d_0\rho : X_{n+1} \to E_n$$

(qui induit $d_0 : B_{n+1} \to B_n$) induit, pour tout (n+1)-simplexe b de B_{n+1}, une bijection de l'ensemble des simplexes de X_{n+1} au-dessus de b sur l'ensemble des simplexes de E_n au-dessus de $d_0 b$.

Le relèvement ρ détermine une B-fonction tordante

$$\tau : X \to \mathcal{G}$$

et E est isomorphe au B-produit tordu $\mathcal{G} \times_\tau X$. Les conditions i et ii montrent qu'ensemblistement X_n est en bijection avec le produit fibré $\overline{W}_n\mathcal{G}$ des applications

$$\begin{array}{ccc}
\overline{W}_n\mathfrak{g} & \longrightarrow & \mathfrak{g}_{n-1}\times\ldots\times\mathfrak{g}_0 \\
\Big\downarrow & & \Big\downarrow{\scriptstyle \eta\times\ldots\times\eta} \\
B_n & \xrightarrow{d_0\times\ldots\times d_0^n} & B_{n-1}\times\ldots\times B_0
\end{array}$$

où d_0^i désigne le composé de d_0 i-fois, et E_n est en bijection avec le produit fibré $W_n\mathfrak{g}$ des applications

$$\begin{array}{ccc}
W_n\mathfrak{g} & \longrightarrow & \overline{W}_n\mathfrak{g} \\
\Big\downarrow & & \Big\downarrow \\
\mathfrak{g}_n & \longrightarrow & B_n
\end{array}$$

Un n-simplexe de $\overline{W}_n\mathfrak{g}$ est donc une suite

$$(g_{n-1},\ldots,g_0,b)$$

où $g_i \in \mathfrak{g}_i$, $b \in B_n$, et $\eta(g_i) = d_0^{n-i}b$. On pose $\overline{W}\eta(g_{n-1},\ldots,g_0,b) = b$. Un n-simplexe de $W_n\mathfrak{g}$ est alors une suite

$$(g_n,\ldots,g_0)$$

où $g_i \in \mathfrak{g}_i$ et $\eta(g_i) = d_0^{n-i}\eta(g_n)$. On pose $W\eta(g_n,\ldots,g_0) = \eta(g_n)$. Dans ce cas, $d_0\rho(g_n,\ldots,g_0,b) = (g_n,\ldots,g_0)$.

Le relèvement $\rho : \overline{W}_n\mathfrak{g} \to W_n\mathfrak{g}$ est donné par :

$$\rho(g_{n-1},\ldots,g_0,b) = (e(b),g_{n-1},\ldots,g_0,b)$$

et $\tau : \overline{W}_n\mathfrak{g} \to \mathfrak{g}_{n-1}$ est défini par

$$\tau(g_{n-1},\ldots,g_0,b) = g_{n-1}$$

De plus, comme $\tau \circ s_0 = e$, l'opération $s_0 : \overline{W}_0\mathfrak{g} = B_0 \to \overline{W}_1\mathfrak{g}$ est donnée par

$$s_0(b) = (e(b),s_0b).$$

Ensuite, par récurrence, on poursuit la construction des opérations faces et dégénérescences de $\overline{W}\mathfrak{g}$ et de $W\mathfrak{g}$, de la même manière que pour la construction W sur les groupes simpliciaux (Cartan [3] exposé 4). Ce qui donne, pour $n \geqslant 1$ et $0 \leqslant i \leqslant n$

$d_0(g_n,\ldots,g_0,b) = (g_{n-1},\ldots,g_0,d_0b)$,

$d_{i+1}(g_n,\ldots,g_0,b) = (d_ig_n,\ldots,d_1g_{n-i+1},g_{n-i-1}d_0g_{n-i},g_{n-i-2},\ldots,g_0,d_{i+1}b)$,

$s_0(g_{n-1},\ldots,g_0,b) = (e(b),g_{n-1},\ldots,g_0,s_0b)$,

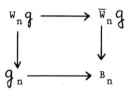

$$s_{i+1}(g_{n-1},\dots,g_0,b) = (s_i g_{n-1},\dots,s_0 g_{n-i-1}, e(d_0^{i+1} b), g_{n-i-2},\dots,g_0, s_{i+1} b).$$

<u>Définition</u> II-6.

Soit $\eta : \mathcal{G} \to B$ un fibré en groupes. On appelle $\overline{W}\eta : \overline{W}\mathcal{G} \to B$ le B-<u>classifiant</u> de η et $W\mathcal{G} \to \overline{W}\mathcal{G}$ le B-<u>fibré universel</u>.

Remarquons que si η est abélien $W\eta$ et $\overline{W}\eta$ sont naturellement des B-groupes abéliens.

Soit G un groupe simplicial. On désigne par $\overline{W}G$ le classifiant du groupe simplicial G et par WG l'espace total de son fibré universel. (Ils sont obtenus en prenant B réduit à un point dans la construction précédente). Si G est la fibre de η au-dessus de $b_0 \in B$ alors WG et $\overline{W}G$ sont les fibres de $W\eta$ et $\overline{W}\eta$ au-dessus de b_0.

Après avoir construit un B-fibré principal vérifiant i et ii, on va énoncer les propriétés fondamentales des B-fibrés de ce type. On en déduira, en particulier, qu'ils sont tous η-isomorphes à la construction précédente. Les démonstrations ne seront qu'indiquées, car elles ne sont qu'une généralisation de celles données dans le cas des fibrés principaux classiques. (cf. [13] chapitre IV, paragraphe 21, ou [3] exposé 4).

Soit b un (n+1)-simplexe de B. Notons $X_{n+1,b}$ (esp. $E_{n,d_0 b}$) l'ensemble des (n+1)-simplexes de χ (resp. n-simplexe de E) se projetant sur b (resp. $d_0 b$). L'axiome ii dit que $d_0\rho : \chi_{n+1,b} \to E_{n,d_0 b}$ est une bijection. Désignons par S_b la bijection réciproque. Ces bijections vérifient

$$(1)\qquad \begin{array}{ll} d_{i+1}S_b = S_{d_{i+1}b}d_i & s_{i+1}S_b = S_{s_{i+1}b}s_i \\ d_0 S_b = f & S_b\rho = s_0. \end{array}$$

<u>Lemme</u> II-2.

Soit $f : E \to X$ un B-fibré principal vérifiant ii. Alors $X \to B$ et par conséquent $E \to B$ sont des fibrés.

<u>Démonstration</u>. (cf. [13] lemme 21.3).

Soient

$$x_0,\dots,x_{k-1},x_{k+1},\dots,x_{n+1}$$

des n-simplexes de X et un (n+1)-simplexe b de B tels que

$$d_i x_j = d_{j-1} x_i,\ i < j,\ i \neq k,\ j \neq k$$

$$\chi(x_i) = d_i b,\ i \neq k,\ (\chi \text{ désigne l'application } X \to B)$$

Supposons d'abord $k > 0$. Les simplexes $y_j = d_0 \rho(x_{j+1})$ vérifient

$$d_i y_j = d_{j-1} y_i,\ i \neq k-1,\ j \neq k-1,\ i < j$$

et $f(y_j) = d_j x_0$ $j \neq k-1$. L'application f étant un fibré, il existe y n-simplexe de E tel que $d_i y = y_i$, $i \neq k-1$, et $f(y) = x_0$. Le simplexe $x = S_b(y)$ vérifie alors

$$d_i x = x_{i+1},\ i \neq k,\ \text{et } \chi(x) = b.$$

Maintenant supposons $k = 0$. L'application η étant un fibré, il existe $g \in \mathfrak{g}$ tel que $\eta(g) = d_0 b$ et vérifiant pour tout $i > 0$

$$\rho(d_0 x_{i+1}) d_i g = d_0 \rho(x_{i+1})$$

Posons $c = S_{d_0 b}(d_0 \rho(x_1) d_0 g^{-1})$

Alors pour $i > 0$ on a

$$d_i c = d_0 x_{i+1}$$

ce qui entraine que le simplexe $x = S_b(\rho(c) g)$ vérifie

$$d_i x = x_i,\ i > 0 \text{ et } \chi(x) = b.$$

Théorème II-2.

Soit $f : E \to X$ un B-fibré principal, de fibré structural $\eta : \mathfrak{g} \to B$, et soit ρ un relèvement de f. Supposons que f et ρ vérifient i et ii. Alors pour tout B-fibré $f' : E' \to X'$ et tout relèvement ρ' de f', il existe un η-morphisme unique $\theta : E' \to E$ tel que

$$\theta\rho' = \rho\overline{\theta},$$

$\overline{\theta} : X' \to X$ désignant le B-morphisme induit par θ.

Démonstration.

Si l'application simpliciale θ existe, l'égalité $\theta\rho' = \rho\overline{\theta}$ entraine $\theta(d_0\rho') = d_0\rho\overline{\theta}$ donc d'après ii pour tout $x' \in X'$ se projetant sur $b \in B$

$$\overline{\theta}(x') = S_b\theta(d_0\rho'(x'))$$

Ceci permet de construire $\overline{\theta}$ par récurrence sur la dimension des simplexes de X'. La propriété i assure le commencement de cette récurrence.

Les relations (1) permettent alors de montrer que $\overline{\theta}$ (donc θ) est simpliciale.

De ce théorème on déduit immédiatement <u>l'unicité</u> (à isomorphisme près) d'un B-fibré principal de fibré structural $\eta : \mathcal{G} \to B$ et qui vérifie i et ii. Un tel B-fibré est donc η-isomorphe au B-fibré universel $W\mathcal{G} \to \overline{W}\mathcal{G}$ construit au début de ce paragraphe.

<u>Remarques</u> II-2.

a) Appliquons le théorème précédent à $\eta : \mathcal{G} \to B$ considéré comme un B-fibré principal. Prenons comme relèvement ρ' de η la section neutre $e : B \to \mathcal{G}$ de η. Il existe un B-morphisme unique $\overline{\theta} : B \to X$ donc une <u>section canonique</u> de $X \to B$. Le η-morphisme $\theta : \mathcal{G} \to E$ montre que la B-fibre de $E \to X$ au-dessus de $\overline{\theta}$ est isomorphe à η. Dans le cas $X = \overline{W}\mathcal{G}$ la section canonique, notée $\overline{W}e$, est donnée par

$$\overline{W}e(b) = (d_0 e(b), \ldots, d_0^n e(b), b), \; b \in B_{n+1}.$$

b) Plus généralement supposons que le relèvement ρ' de $f' : E' \to X'$ soit simplicial (f' est alors η-trivial). Le relèvement ρ' définit canoniquement un η-isomorphisme avec l'image réciproque $\chi'^*(\mathcal{G}) \to X'$ de η par l'application $\chi' : X' \to B$. Notons $\tilde{\chi}' : E' \to \mathcal{G}$ le η-morphisme induisant χ'. On a $\tilde{\chi}' \circ \rho' = \eta \circ \chi$. Si $\theta : \mathcal{G} \to E$ est le η-morphisme introduit dans la remarque précédente, alors $\theta \circ \tilde{\chi}'$ est l'unique η-morphisme $E' \to E$ commutant avec les relèvements ρ et ρ'. Il induit $\overline{\theta} \circ \chi$. Ceci montre que si pour un B-fibré η-trivial on prend un relèvement ρ' simplicial alors le B-morphisme $\overline{\theta}$ est à valeur dans l'image de la section canonique de $X \to B$.

Nous allons utiliser les remarques ci-dessus pour préciser le théorème précédent.

<u>Lemme</u> II-3.

Si dans le B-fibré principal f', $E' \to B$ admet une section σ', donc $X' \to B$ admet la section $s' = f' \circ \sigma'$, alors on peut choisir le relèvement ρ' tel que le B-morphisme $\overline{\theta}$ introduit dans le théorème précédent envoie la section s' sur la section canonique de $X \to B$.

<u>Démonstration</u>.

Le B-morphisme f' induit un isomorphisme $\sigma'(B) \to s'(B)$. Choisissons ρ' prolongeant l'isomorphisme inverse. Alors $\overline{\theta} \circ s'$ est l'unique B-morphisme $B \to X$ associé à la B-fibre f'_s, de f' au-dessus de s' et au relèvement de f'_s, induit par ρ' c'est-à-dire σ'. D'après la remarque b, σ' étant simplicial, $\overline{\theta} \circ s'$ est à valeurs dans la section canonique de $X \to B$.

Achevons la classification des B-fibrés principaux.

Considérons un B-fibré principal $f : E \to X$ de fibré structural $\eta : \mathcal{G} \to B$. Choisissons un relèvement de f. D'après le théorème II-2, ce relèvement définit un η-morphisme $\theta : E \to W\mathcal{G}$. Désignons par $\overline{\theta} : X \to \overline{W}\mathcal{G}$ le B-morphisme induit par θ. Les B-fibrés principaux f et $\overline{\theta}^*(W\mathcal{G}) \to X$ sont η-isomorphes.

Rappelons (corollaire du théorème II-1) que si $\overline{\theta}_o$ et $\overline{\theta}_1$ sont deux B-morphismes B-homotopes $X \to \overline{W}\mathcal{G}$, les B-fibrés principaux induits sont η-isomorphes. Réciproquement supposons que deux B-morphismes $\overline{\theta}_o$ et $\overline{\theta}_1$ de X dans $\overline{W}\mathcal{G}$, induisent deux B-fibrés η-isomorphes au B-fibré f. Considérons le B-fibré principal $f \times 1_{(\Delta_1)} : E\times(\Delta_1) \to X\times(\Delta_1)$. Les B-morphismes $\overline{\theta}_o$ et $\overline{\theta}_1$ définissent un η-morphisme θ' des faces $E \times (d_1\Delta_1) \simeq E$ et $E \times (d_o\Delta_1) \simeq E$ dans $W\mathcal{G}$. Le morphisme θ' définit un relèvement ρ' de $f \times 1_{(\Delta_1)}$ au-dessus de $X \times (d_o\Delta_1) \cup X \times (d_1\Delta_1)$. Prolongeons ρ' sur $X \times (\Delta_1)$ en un relèvement ρ. D'après le théorème II-2 il existe un η-morphisme unique $\theta : E \times (\Delta_1) \to W\mathcal{G}$ compatible avec ρ (donc prolongeant θ'). Le B-morphisme induit $\overline{\theta} : X \times (\Delta_1) \to \overline{W}\mathcal{G}$ est une B-homotopie entre $\overline{\theta}_o$ et $\overline{\theta}_1$. On a donc montré :

<u>Théorème</u> II-3. (Classification des B-fibrés principaux).

Tout B-fibré principal de fibré structural $\eta : \mathcal{G} \to B$ est η-isomorphe à un B-fibré principal induit par un B-morphisme convenable $\overline{\theta} : X \to \overline{W}\mathcal{G}$. De plus pour que deux B-morphismes $\overline{\theta}_o$ et $\overline{\theta}_1$ définissent des B-fibrés η-isomorphes, il faut, et il suffit, qu'ils soient B-homotopes.

<u>Remarque</u> II-3.

Soit $\chi : X \to B$. Considérons un B-produit tordu principal $\mathcal{G} \times_t X$. Il est muni d'un relèvement canonique $\rho(x) = (e(\chi(x)),x)$, $x \in X$. Le B-morphisme $\theta : X \to \overline{W}\mathcal{G}$ associé à ce relèvement est donné par

$$\overline{\theta}(x) = (t(x),\ t(d_o x),\ \ldots,\ t(d_o^{n-1}(n)),\ \chi(x))$$

x étant un n-simplexe de X.

Pour un groupe simplicial G, l'espace total WG du fibré universel associé est contractile ([13], proposition 21-5). Dans le cas d'un fibré en groupes $\eta : \mathcal{G} \to B$, le fibré $W\eta : W\mathcal{G} \to B$, ayant pour fibre l'espace contractile WG, est B-homotopiquement équivalent à B. Cette équivalence est réalisée par la projection $W\eta$. Un inverse homotopique est défini par toute section $B \to W\mathcal{G}$, donc en particulier par la section canonique de $W\eta$. En fait on peut montrer un résultat plus précis (du à Cartan).

<u>Proposition</u> II-5.

Soit $\mathcal{G} \underset{\eta}{\overset{e}{\leftrightarrows}} B$ un fibré en groupes. Alors $W\mathcal{G}$ se rétracte par déformation sur l'image de la section canonique $We : B \to W\mathcal{G}$. Cette rétraction est compatible avec le projection $W\mathcal{G} \to B$.

<u>Démonstration</u>.

On va construire un B-morphisme

$$f : W\mathcal{G} \times (\Delta_1) \to W\mathcal{G}$$

qui, composé avec les deux injections $(\Delta_o) \to (\Delta_1)$, définira respectivement 1_{WG} et la rétraction sur $We(B)$.

Un n-simplexe de (Δ_1) est une application croissante :

$$\{0, 1, \ldots, n\} \to \{0, 1\}.$$

Pour n fixé, un n-simplexe de (Δ_1) est donc uniquement déterminé par l'entier k, $0 \leq k \leq n+1$ tel que $\{0, 1, \ldots, k-1\}$ soit envoyé sur $\{0\}$ et $\{k, \ldots, n\}$ soit envoyé sur $\{1\}$. On désigne par a^k ce n-simplexe. Remarquons que $a^o = s_o^n d_o \Delta_1$,

$$a^{n+1} = s_o^n d_1 \Delta_1 \text{ et qu'on a les relations}$$

$$d_i a^k = a^{k-1} \text{ si } i < k \qquad s_i a^k = a^{k+1} \text{ si } i < k$$

$$d_i a^k = a^k \text{ si } i \geq k \qquad s_i a^k = a^k \text{ si } i \geq k.$$

Rappelons qu'un n-simplexe de $W\mathcal{G}$ au dessus de $b \in B_n$ est une suite $(g_n, \ldots, g_o)$ avec $g_i \in \mathcal{G}_i$ et $\eta(g_i) = d_o^{n-i} b$.

On pose

$$f(g_n,\ldots,g_o a^k) = (g_n,\ldots,g_{n-k+1}, (d_o g_{n-k+1} \ldots d_o^k g_n)^{-1}, e(d_o^{k+1} b),\ldots, e(d_o^n b))$$

On a

$$f(g_n,\dots, g_o, a^{n+1}) = (g_n,\dots,g_o)$$

et si on convient que, pour k = 0, le produit vide $(d_o g_{n-k+1},\dots,d_o^k g_n)$ est e(b), on a

$$f(g_n,\dots,g_o,a^o) = (e(b),e(d_o b),\dots,e(d_o^n b)).$$

Il reste à vérifier que f est simpliciale. La compatibilité avec les opérations faces et dégénérescences est évidente si on fixe k = 0 ou k = n+1 (f se réduit alors soit à We soit à $1_{W\mathcal{G}}$). Sinon pour montrer la compatibilité avec les opérations faces, on distingue quatre cas

α) i = 0, k = 1

$$f(g_n,\dots,g_o,a^1) = (g_n,(d_o g_n)^{-1},e(d_o^2 b),\dots,e(d_o^n b))$$

$$\begin{aligned} d_o f(g_n,\dots,g_o,a^1) &= ((d_o g_n)^{-1} d_o g_n, e(d_o^2 b),\dots,e(d_o^n b)) \\ &= f(d_o(g_n,\dots,g_o),a^o) \\ &= f(d_o(g_n,\dots,g_o,a^1)) \end{aligned}$$

β) i = 0 k > 1

$$\begin{aligned} f(d_o(g_n,\dots,g_o,a^k)) &= f(g_{n-1}d_o g_n, g_{n-2},\dots,g_o,a^{k-1}) \\ &= (g_{n-1}d_o g_n,\dots,g_{n-k+1},(d_o g_{n-k+1}\dots d_o^{k-1}(g_n d_o g_n))^{-1} \\ &\qquad e(d_o^k d_o b),\dots,e(d_o^{n-1} d_o b)) \\ &= d_o f(g_n,\dots,g_o,a^k) \end{aligned}$$

γ) 0 < i < k

$$\begin{aligned} f(d_i(g_n,\dots,g_o,a^k)) &= f(d_i g_n,\dots,d_1 g_{n-i+1}, g_{n-i-1}d_o g_{n-i}, \\ &\qquad g_{n-i-2},\dots,g_o,a^{k-1}) \\ &= (d_i g_n,\dots,g_{n-i-1}d_o g_{n-i},\dots,g_{n-k+1}, \\ &\qquad (d_o g_{n-k+1}\cdot\dots\cdot d_o^{k-i-1}(g_{n-i-1}d_o g_{n-i})\dots d_o^k d_i g_n)^{-1} \\ &\qquad e(d_o^k d_i b),\dots,e(d_o^{n-1} d_i b)) \\ &= d_i f(g_n,\dots,g_o,a^k) \end{aligned}$$

Dans la dernière égalité on a utilisé $d_o^j d_i b = d_o^{j+1} b$ pour j > i.

δ) i ⩾ k > 0

$$\begin{aligned} f(d_i(g_n,\dots,g_o,a^k)) &= f(d_i g_n,\dots,d_1 g_{n-i+1}, g_{n-i-1}d_o g_{n-i}, \\ &\qquad g_{n-i-2},\dots,g_o,a^k) \end{aligned}$$

$$=(d_i g_n,\dots,d_{i-k+1}g_{n-k+1},(d_o d_{i-k+1}g_{n-k+1}\dots d_o^k d_i g_n)^{-1},$$

$$e(d_o^{k+1}d_i b),\dots,e(d_o^{n-1}d_i b))$$

comme pour $r > j \geqslant 0$ $d_o^j d_r = d_{r-j}\, d_o^j$ le dernier membre s'écrit

$$(d_i g_n,\dots,d_{i-k+1}g_{n-k+1},d_{i-k}(d_o g_{n-k+1}\dots d_o^k g_n)^{-1},$$

$$d_{i-k-1}e(d_o^{k+1}b),\dots,d_1 e(d_o^{i-1}b),\ d_o e(d_o^i b),\ e(d_o^{i+2}b),\dots,e(d_o^n b))$$

$$= d_i f(g_n,\dots,g_o,a^k).$$

Pour montrer la compatibilité de f avec les opérations dégénérescences séparons en deux cas :

α) $0 \leqslant i < k$

$$f(s_i(g_n,\dots,g_o,a^k) = f(s_i g_n,\dots,s_o g_{n-i},e(d_o^i b),g_{n-i-1},\dots,g_o,a^{k+1})$$

$$= (s_i g_n,\dots,s_o g_{n-i},e(d_o^i b),\dots,g_{n-k+1},$$

$$(d_o g_{n-k+1}\dots d_o^{k-i}e(d_o b)d_o^{k-i+1}s_o g_{n-i}\dots d_o^{k+1}s_i g_n)^{-1}$$

$$e(d_o^{k+2}s_i b),\dots,e(d_o^{n+1}s_i b))$$

ce qui s'écrit en utilisant l'identité $d_o^j s_i = d_o^{j-1}$ pour $i < j$,

$$(s_i g_n,\dots,s_o g_{n-i},e(d_o^i b),\dots,g_{n-k+1},$$

$$(d_o g_{n-k+1}\dots d_o^{k-i}g_{n-i}\dots d_o^k g_n)^{-1},$$

$$e(d_o^{k+1}b),\dots,e(d_o^n b))$$

$$= d_i f(g_n,\dots,g_o,a^k).$$

β) $i \geqslant k$

$$f(s_i(g_n,\dots,g_o,a^k)=f(s_i g_n,\dots,s_o g_{n-i},e(d_o^i b),g_{n-i-1},\dots,g_o,a^k)$$

$$= (s_i g_n,\dots,s_{i-k+1}g_{n-k+1},(d_o s_{i-k+1}g_{n-k+1}\dots d_o^k s_i g_n)^{-1},$$

$$e(d_o^{k+1}s_i b),\dots,e(d_o^{n+1}s_i b))$$

D'après $d_o^j s_i = d_o^{j-1}$ si $i < j$

$= s_{i-j}d_o^j$ si $i \geqslant j$

On déduit

$f(s_i(g_n,\dots,g_o,a^k)=$

$$(s_i g_n,\dots,s_{i-k+1}g_{n-k+1},s_{i-k}(d_o g_{n-k+1}\dots d_o^k g_n)^{-1},$$

$$s_{i-k-1}e(d_o^{k+1}b),\dots,s_o e(d_o^i b),e(d_o^i b),\dots,e(d_o^n b))$$

$$= s_i f(g_n,\dots,g_o,a^k).$$

Corollaire 1.

Pour tout objet de K_B', $\chi : X \to B$, l'ensemble simplicial $S_B(\chi,W\eta)$ se rétracte par déformation sur le 0-simplexe définit par le B-morphisme $X \to W\mathcal{G}$ dont l'image est contenue dans We(B). En particulier $\Gamma(W\eta)$ se rétracte sur la section canonique We.

Corollaire 2.

Pour toute application simpliciale $\chi : X \to B$ et tout fibré en groupes $\eta : \mathcal{G} \to B$, on a des isomorphismes fonctoriels

$$\pi_i(S_B(\chi,\overline{W}\eta)) \simeq \pi_{i-1}(S_B(\chi,\eta))$$

donc en particulier

$$\pi_i(\Gamma(\overline{W}\eta)) \simeq \pi_{i-1}(\Gamma(\eta))$$

Démonstration.

Le B-fibré principal

$$\mathcal{G} \to W\mathcal{G} \to \overline{W}\mathcal{G}$$

induit un fibré principal (proposition II-2)

$$S_B(\chi,\eta) \to S_B(\chi,W\eta) \to S_B(\chi,\overline{W}\eta)$$

Le corollaire 1 appliqué à la suite exacte d'homotopie de ce fibré donne les isomorphismes du corrollaire 2.

Considérons un B-groupe $\eta : \mathcal{G} \to B$ et soit $\mathcal{G}_1 \subset \mathcal{G}$ un sous-ensemble simplicial. Notons $\eta_1 : \mathcal{G}_1 \to B$ la restriction de η. Si η_1 est "stable" par les morphismes définissant la structure de B-groupe de η, on appelle η_1, muni de la structure induite, un sous B-groupe de η. Par exemple la restriction de η à l'image de la section neutre définit le sous B-groupe nul de η.

On associe immédiatement à tout morphismes de B-groupes les sous B-groupes que sont le B-groupe image et le B-groupe noyau. On a donc la notion de suite exacte dans la catégorie des B-groupes.

Remarquons que si on considère un morphisme de B-groupes entre fibrés en groupes, le B-groupe noyau et le B-groupe image ne sont pas forcément des fibrés en groupes. Une suite exacte de fibré en groupes signifiera que les objets de la suite sont des fibrés en groupes et que la suite est exacte dans la catégorie des B-groupes.

Comme pour les groupes simpliciaux, la construction W transforme les suites exactes courtes de fibrés en groupes en fibrés. De manière précise, on a :

Proposition II-6 :

Considérons une suite exacte de fibrés en groupes

$$B \to \mathcal{G}'' \to \mathcal{G} \to \mathcal{G}' \to B$$

Alors les suites de B-morphismes induits

$$W\mathcal{G}'' \to W\mathcal{G} \to W\mathcal{G}'$$
$$\overline{W}\mathcal{G}'' \to \overline{W}\mathcal{G} \to \overline{W}\mathcal{G}'$$

sont des B-fibrés.

La démonstration donnée par Shih, [18], appendice, théorème 1, se généralise sans changement. En particulier on obtient également que $f : W\mathcal{G} \to W\mathcal{G}'$ est fortement fibrée, c'est-à-dire qu'étant donné un (n+1)-simplexe x' de $W\mathcal{G}'$ et n+2 n-simplexes $x_o, \dots, x_{n+1}$ vérifiant $f(x_i) = d_i x'$, $0 \leqslant i \leqslant n+1$, il existe un (n+1)-simplexe x de $W\mathcal{G}$ tel que $d_i x = x_i$, $0 \leqslant i \leqslant n+1$, et $f(x) = x'$. (voir théorème 2 du même appendice).

Terminons ce paragraphe en explicitant la construction W dans deux cas particuliers. Tout d'abord sur les fibres en groupes qui sont des produits tordus $G \times_t B$ où G est un groupe simplicial et t une fonction tordante à valeurs dans le groupe simplicial A(G) des automorphismes de groupe de G.

Le groupe A(G) opère à gauche sur WG en posant, pour $u \in A(G)_n$, et $g_i \in G_i$, $(i = 0, \dots, n)$,

$$u.(g_n, \dots, g_0) = (u.g_n, d_0 u.g_{n-1}, \dots, d_0^n u.g_0)$$

(On a noté • l'opération naturelle $A(G) \times G \to G$). Cette opération induit une opération à gauche de A(G) sur $\overline{W}G$.

Proposition II-7 :

Soit t une fonction tordante à valeurs dans A(G). On a des isomorphismes naturels

$$\overline{W}(G \times_t B) = \overline{W}G \times_t B \text{ et } W(G \times_t B) = WG \times_t B.$$

Démonstration.

Démontrons tout d'abord que pour tout $n \geqslant 0$, on a

$$d_0^{n+1} t(b) = t(d_1^n d_0 b)^{-1} t(d_1^{n+1} b).$$

Pour $n = 0$, cette égalité fait partie de la définition d'une fonction tordante.

On a

$$\begin{aligned} d_0^{n+2} t(b) &= (d_0 t(d_1^n d_0 b))^{-1} d_0 t(d_1^{n+1} b) \\ &= (t(d_0 d_1^n d_0 b)^{-1} t(d_1^{n+1} d_0 b))^{-1} t(d_0 d_1^{n+1} b)^{-1} t(d_1^{n+2} b) \\ &= t(d_1^{n+1} d_0 b)^{-1} t(d_1^{n+2} b), \end{aligned}$$

car $d_0 d_1^n d_0 = d_0 d_1^{n+1}$, d'où le résultat par récurrence.

Définissons l'isomorphisme de la manière suivante. A chaque $(n+1)$-simplexe

$$((g_n, d_0 b), (g_{n-1}, d_0^2 b), \ldots\ldots\ldots\ldots, (g_0, d_0^{n+1} b), b)$$

de $\overline{W}(G \times_t B)$, $b \in B_{n+1}$, $g_i \in G_i$, on associe le $(n+1)$-simplexe

$$(t(b)^{-1} g_n, t(d_1 b)^{-1} g_{n-1}, \ldots\ldots\ldots, t(d_1^i b)^{-1} g_{n-i}, \ldots, t(d_1^n b) g_0, b)$$

de $\overline{W}G \times_t B$. D'après ce qu'on a démontré plus haut, cet isomorphisme est compatible avec d_0. On démontre facilement la compatibilité avec les autres opérations simpliciales.

Remarque II-4 :

Si G est un groupe simplicial abélien $\overline{W}(G \times_t B)$ et $\overline{W}G \times_t B$ sont des fibrés en groupes abéliens et l'isomorphisme de la proposition est un morphisme de fibrés en groupes.

Comme deuxième exemple nous allons traiter l'exemple 5 du 1°). On sait que si G est un groupe simplicial non abélien, il n'y a pas de structure de groupe naturelle sur $\overline{W}G$. Par contre on va montrer que si G est un produit "semi-direct" de groupes simpliciaux alors $\overline{W}G$ est naturellement un fibré en groupes. On utilisera cette propriété dans le paragraphe 3 du chapitre suivant.

Considérons une suite exacte scindée

$$0 \to G'' \xrightarrow{i} G \underset{k}{\overset{j}{\rightleftarrows}} G' \to 1$$

de groupes simpliciaux avec G'' abélien (on note + la loi de G''). Cette suite induit pour tout $q \geqslant 0$, une suite exacte scindée de groupe

$$0 \to G''_q \xrightarrow{i} G_q \underset{k}{\overset{j}{\rightleftarrows}} G'_q \to 1.$$

Le groupe G_q s'identifie avec le produit semi-direct $G''_q \times G'_q$ associé à l'opération

$$\omega_q : G'_q \times G''_q \to G''_q$$

définie par $\omega(x',x'') = k(x')i(x'')k(x')^{-1}$. Ce qui veut dire que le produit dans G_q est donné par

$$(x''_1,x'_1)(x''_2,x'_2) = (x''_1+\omega_q(x'_1,x''_2),\ x'_1x'_2)$$

La famille des ω_q définit une opération simpliciale

$$\omega : G' \times G'' \to G''$$

donc un homomorphisme de groupes simpliciaux noté également

$$\omega : G' \to A(G'')$$

On définit une structure de groupe simplicial sur le produit $G'' \times G'$ en prenant pour loi de composition

$$(x''_1,x'_1)(x''_2,x'_2) = (x''_1+\omega(X'_1)(x''_2),\ x'_1x'_2)$$

On appelle cette structure <u>produit semi-direct</u> des groupes simpliciaux G'' et G' défini par ω et on la note $G'' \times_\omega G'$. L'application $G'' \times_\omega G' \to G$ qui à (x'', x') associe $i(x'')k(x')$ est alors un isomorphisme de groupes simpliciaux.

Rappelons (proposition II-7) que le groupe $A(G'')$ opère naturellement sur $\overline{W}G''$.

<u>Proposition</u> II-8.

Soit

$$0 \to G'' \to G \rightleftarrows G' \to 1$$

Une suite exacte scindée de groupes simpliciaux avec G'' abélien. Cette suite exacte détermine une opération $\omega : G' \to A(G'')$. Alors le fibré induit

$$\overline{W}G'' \to \overline{W}G \rightleftarrows \overline{W}G'$$

est un fibré en groupes abéliens canoniquement isomorphe au $\overline{W}G'$-classifiant du fibré en groupes abéliens de fibre G'' associé (par ω) au fibré universel $WG' \to \overline{W}G'$ (c'est le produit tordu $G'' \times_{\omega\circ\tau(G')}\overline{W}G'$ où $\tau(G') : \overline{W}G' \to G'$ est la fonction tordante définissant le fibré universel).

<u>Démonstration</u>.

Le groupe structural de $G'' \times_{\omega\circ\tau(G')} \overline{W}G'$ étant $A(G'')$, ce produit tordu est naturellement un fibré en groupes dont le fibré classifiant est, d'après la proposition II-7, $\overline{W}G'' \times_{\omega\circ\tau(G')}\overline{W}G'$. Pour montrer la proposition, il suffit de construire un $\overline{W}G'$-isomorphisme de ce dernier produit tordu sur $\overline{W}G$. Pour cela identifions G au produit $G'' \times G'$. Un n-simplexe de $\overline{W}G$ est alors une suite

$$((x''_n,x'_n),\dots,(x''_0,x'_0)) \quad x''_i \in G''_i,\ x'_i \in G'_i.$$

On définit une application

$$f : \overline{W}G'' \times \overline{W}G' \to \overline{W}G$$

en posant

$$f((x''_n,\dots,x''_0),(x'_n,\dots,x'_0)) =$$
$$((\omega(x'_n)(x''_n),x'_n),\dots,(\omega(x'_i d_0 x'_{i+1}\dots d_0^{n-i}x'_n)(x''_i),x'_i),$$
$$\dots,(\omega(x'_0 d_0 x'_1\dots d_0^n x'_n)(x''_0),x'_0)).$$

On vérifie que f est un $\overline{W}G'$-isomorphisme simplicial $\overline{W}G'' \times_{\omega\circ\tau(G')} \overline{W}G' \to \overline{W}G$.

Remarque II-5.

La suite exacte de la proposition II-8 défini un fibré principal trivial. Le foncteur $\overline{W}$ transforme ce fibré en un fibré qui est en général ni principal ni trivial (par exemple corollaire 3 du théorème III-1).

5. Obstruction au relèvement des B-morphismes.

Soit $\mathcal{G} \underset{\eta}{\overset{e}{\leftrightarrows}} B$ un fibré en groupes. Pour tout objet $\chi : X \to B$ de K'_B, on note $H^1(\chi,\eta)$ l'ensemble des classes de η-isomorphismes de B-fibrés principaux $E \to X$. D'après le théorème II-3, $H^1(\chi,\eta)$ est égal à $\pi_0(S_B(\chi,\overline{W}\eta))$.

Soient $\chi' : X' \to B$ un objet de K'_B et $g : X' \to X$ un B-morphisme. On définit une application

$$g^* : H^1(\chi,\eta) \to H^1(\chi',\eta)$$

en associant à la classe ξ du B-fibré principal $E \to X$ la classe $g^*(\xi)$ du B-fibré principal image réciproque $g^*(E) \to X'$.

On note $0 \in H'(\chi,\eta)$ la classe du B-fibré principal trivial $\mathcal{G} \times_B X \to X$.

Proposition II-9.

Soient $f : E \to X$ un B-fibré principal de fibré structural η et $g : X' \to X$ un B-morphisme. Il existe un B-morphisme $\tilde{g} : X' \to E$ relevant g (c'est-à-dire $f\circ\tilde{g} = g$) si et seulement si

$$g^*(\xi) = 0$$

ξ étant la classe de f dans $H^1(\chi,\eta)$.

Démonstration.

D'après le corollaire de la proposition II-3, un B-fibré principal est trivial si, et seulement si, il admet une section. Or l'existence de $\tilde{g}$ est équivalente à l'existence d'une section pour le B-fibré principal induit $g^*(E) \to X'$.

III - FIBRES EN GROUPES DE FIBRE DE TYPE $K(\pi,n)$.

Dans ce chapitre on va classifier les fibrés en groupes de fibre un groupe de type $K(\pi,n)$. On pourra ainsi définir les invariants d'Eilenberg-Postnikov d'un fibré en groupes comme étant des B-opérations cohomologiques de type (p, p+2), $p \geqslant 0$, ce qui prolonge aux fibrés la construction habituelle des invariants d'Eilenberg-Postnikov.

Dans 1° on étudie le groupe simplicial $D(K(\pi,n))$ des bijections simpliciales de $K(\pi,n)$. On montre dans 2° que les produits tordus $K(\pi,n) \times_t B$ sont classifiants pour la cohomologie à valeurs dans le système de coefficients locaux $\pi \times_t B$. Ceci nous permet d'étudier les B-opérations cohomologiques. Dans 3° on classifie les fibrés et les B-fibrés de fibre un espace de type $K(\pi,n)$. Dans 4° on classifie les fibrés en groupes de fibre un groupe de type $K(\pi,n)$. Enfin dans 5° on définit à l'aide des B-opérations cohomologique les invariants d'un fibré en groupes.

1. Structure du groupe simplicial $D(K(\pi,n))$.

Pour classifier les fibrés de fibre un espace d'Eilenberg-Mac Lane $K(M,n)$, un moyen naturel est l'étude du groupe simplicial $D(K(M,n))$ des automorphismes de $K(M,n)$ considéré seulement comme ensemble simplicial. Cette étude est basée sur la description du groupe simplicial $S(X,K(M,n))$. Elle permet de montrer que $D(K(M,n))$ est un produit semi-direct de groupes simpliciaux, ce qui, d'après la proposition II-8, donne à $\overline{W}D(K(M,n))$ une structure naturelle de fibré en groupes abéliens.

Pour une théorie complète des groupes d'Eilenberg-Mac Lane voir Séminaire Cartan, [2], ou May, [13], § 23 et 24. Sur les ensembles minimaux se référer à May, [13], § 9. Dans May [13], § 25 on trouve également la structure de $D(K(M,n))$.

Commençons par rappeler les propriétés des groupes d'Eilenberg-Mac Lane, $K(M,n)$. Soient M un groupe abélien et n un entier $\geqslant 0$. On définit un ensemble simplicial en posant :

(1) $$K(M,n)_q = Z^n((\Delta_q),M).$$

Dans le deuxième membre de (1) il s'agit de cocycles normalisés. Les

<u>cochaines normalisées</u> sont les cochaines qui s'annulent sur les simplexes dégénérés. Elles définissent la même cohomologie. Les opérations simpliciales de $K(M,n)$ sont induites par les applications δ_i et σ_i définies au début de I,1. Pour $p < n$, le p-squelette de $K(M,n)$ est ponctuel. C'est un groupe simplicial abélien minimal.
On définit également un ensemble simplicial $L(M,n+1)$ en posant

(2) $L(M,n+1)_q = C^n((\Delta_q),M)$ (cochaines normalisées)

$L(M,n+1)$ est contractile. On a une suite exacte

(3) $K(M,n)_q \to L(M,n+1)_q \xrightarrow{\partial} K(M,n+1)_q$

où le premier morphisme est l'injection des cocycles dans les cochaines, et le deuxième la différentielle des cochaines. La suite (3) définit le fibré universel

$$K(M,n) \to W(K(M,n) \to \overline{W}\,K(M,n)$$

d'où l'isomorphisme

(4) $\overline{W}\,K(M,n) \simeq K(M,n+1)$.

Les $K(M,n)$ peuvent également être construits par récurrence sur n à partir de (4). (On commence pour $n = 0$ en posant pour tout $q \geqslant 0$ $K(M,0)_q = M$, les opérations simpliciales étant toutes égales à 1_M).

Comme évidemment $\pi_0(K(M,0)) = M$ et $\pi_i(K(M,0)) = 0$ pour $i > 0$, on déduit de (4)

(5) $\pi_n(K(M,n)) = M$ et $\pi_i(K(M,n)) = 0$ pour $i \neq n$.

On voit qu'on peut prendre pour M un ensemble pour $n = 0$ et un groupe non abélien pour $n = 1$. Dans ce cas $K(M,0)$ et $K(M,1)$ n'ont pas de structure naturelle de groupes simpliciaux. Dans la suite on notera M l'ensemble simplicial discret $K(M,0)$.

On a $L(M,n+1)_n = M$. Soit X un ensemble simplicial. En restreignant à X_n les applications simpliciales $X \to L(M,n+1)$, on définit un isomorphisme de groupes

(6) $\mathrm{Hom}(X,L(M,n+1)) \simeq C^n(X,M)$.

Il induit l'isomorphisme

(7) $\mathrm{Hom}(X,K(M,n)) \simeq Z^n(X,M)$

Dans ces isomorphismes il s'agit toujours de cochaines normalisées. En utilisant la suite (3), on montre alors que les groupes d'Eilenberg-

Mac Lane sont des <u>classifiants</u> de la cohomologie singulière. C'est-à-dire qu'on a des isomorphismes canoniques

$$(8)\quad \pi_0(\delta(X,K(M,n))) \simeq H^n(X,M)$$

construits de la manière suivante : notons $i_n \in H^n(K(M,n),M)$ la classe du cocycle de $Z^n(K(M,n),M)$ naturellement définie par l'isomorphisme

$$K(M,n)_n \simeq M.$$

Alors (8) associe à la classe de $f : X \to K(M,n)$ la classe $f^*(i_n) \in H^n(X,M)$ (i_n est appelée la classe <u>fondamentale</u> de $K(M,n)$).

On montre qu'il y a unicité, à isomorphisme près, des ensembles minimaux vérifiant (5). Ceci s'obtient, par exemple, comme corollaire du théorème III-1 ci-dessous (il suffit de prendre X minimal vérifiant (5) et d'appliquer que dans le cas minimal toute équivalence faible d'homotopie est un isomorphisme.

Enfin rappelons que toute opération cohomologique de type (n,n',M,M') est représentée par une application simpliciale $K(M,n) \to K(M',n')$. On définit ainsi un isomorphisme entre le groupe des opérations cohomologiques de type (n,n',M,M') et les classes d'applications $K(M,n) \to K(M',n')$.

Décrivons maintenant $S(X,K(M,n))$, avec sa structure de groupe simplicial induite par celle de $K(M,n)$, lorsque le $(n-1)$-squelette de X est ponctuel.

Remarquons tout d'abord que dans le cas où n est nul, pour tout ensemble simplicial X

$$S(X,M) \simeq S(\pi_0(X),M) \simeq M^{\pi_0(X)}.$$

Prenons donc un entier n strictement positif et M un groupe abélien. D'après une remarque de Cartan, pour $q > 0$, la suite exacte

$$0 \to B^n(X \times (\Delta_q),M) \to Z^n(X \times (\Delta_q),M) \to H^n(X \times (\Delta_q),M) \to 0$$

définissant le n^e-groupe de cohomologie de $X \times (\Delta_q)$ à valeurs dans M peut s'écrire, si le $(n-1)$-squelette de X est ponctuel,

$$0 \to Z^n((\Delta_q),M) \to \mathrm{Hom}(X \times (\Delta_q),\ K(M,n)) \to H^n(X,M) \to 0.$$

On a ce résultat car dans ce cas l'image de la différentielle du complexe de cochaînes de $X \times (\Delta_q)$

$$C^{n-1}(X \times (\Delta_q),M) = C^{n-1}((\Delta_q)_q, M) \to C^n(X \times (\Delta_q),M)$$

est $B^n((\Delta_q),M) = Z^n((\Delta_q),M)$. On a donc pour tout $q \geqslant 0$ une suite exacte

$$0 \to K(M,n)_q \to S(X,K(M,n))_q \to H^n(X,M) \to 0.$$

Cette suite exacte admet un scindage canonique défini par l'homomorphisme

$$\lambda_q : \mathrm{Hom}(X \times (\Delta_q), K(M,n)) \to \mathrm{Hom}((\Delta_q),K(M,n)) = K(M,n)_q$$

obtenu en envoyant (Δ_q) dans $X \times (\Delta_q)$ au moyen du point-base x_0 de X. Ceci montre :

<u>Théorème</u> III-1.

Si le (n-1)-squelette de X est ponctuel, $n > 0$, on a une suite exacte scindée de groupes simpliciaux abéliens

$$0 \to K(M,n) \underset{\lambda}{\overset{i}{\rightleftarrows}} S(X,K(M,n)) \xrightarrow{j} H^n(X,M) \to 0,$$

i étant l'injection naturelle, j associant à tout q-simplexe $f : X \times (\Delta_q) \to K(M,n)$ la classe $f^*(i_n) \in H^n(X,M)$, où i_n est la classe fondamentale de $K(M,n)$, et λ associant à f le q-simplexe $(\Delta_q) \to K(M,n)$ obtenu en composant f avec l'injection $(\Delta_q) \to X \times (\Delta_q)$ définie au moyen du point-base de X.

On déduit de ce théorème que l'homomorphisme j induit un isomorphisme de Ker λ sur $K(\mathrm{Hom}(\pi,M),0)$, en notant π le groupe d'homotopie $\pi_n(X) = H^n(X)$. En particulier pour $q = 0$, j définit une bijection de $\mathrm{Hom}(\pi,M)$ sur l'ensemble des morphismes simpliciaux $X \to K(M,n)$. Notons $f_u : X \to K(M,n)$ le morphisme associé à $u \in \mathrm{Hom}(\pi,M)$. On définit alors pour chaque q une bijection

$$K(M,n)_q \times \mathrm{Hom}(\pi,M) \to S(X,K(M,n))_q$$

en associant au couple (a,u) (où $a : (\Delta_q) \to K(M,n)$) le morphisme $X \times (\Delta_q) \to K(M,n)$ qui envoie le couple (x,y) en $f_u(x) + a(y)$. On a ainsi construit l'isomorphisme inverse de celui énoncé dans le corollaire suivant.

<u>Corollaire 1</u> (Structure de $S(X,K(M,n))$ pour $n > 0$ et M abélien).

Si le (n-1)-squelette de X est au point-base $x_0 \in X$ l'application simpliciale

$$S(X,K(M,n))_q \to K(M,n)_q \times \mathrm{Hom}(\pi,M)$$

$$(f : X \times (\Delta_q) \to K(M,n)) \mapsto (f(x_0,\Delta_q), \pi_n(f))$$

est un isomorphisme de groupes simpliciaux.

Comme application on retrouve le résultat suivant :

<u>Lemme</u> III-1.

Si X est un groupe simplicial dont le (n-1)-squelette est en l'élément neutre, tout morphisme simplicial $f : X \to K(M,n)$ est un morphisme de groupes simpliciaux ($n > 0$).

<u>Démonstration</u>.

Posons $\pi = \pi_n(X)$ et soit $u : \pi \to M$ l'homomorphisme $\pi_n(f)$. En reprenant les notations précédentes, on a $f = f_u$. Soit $v : \pi \times \pi \to M\times M$ défini par $v(a,b) = (u(a),u(b))$. Alors le diagramme suivant est commutatif

$$\begin{array}{ccc} X \times X & \xrightarrow{\text{composition}} & X \\ \big\downarrow f_v & & \big\downarrow f_u \\ K(M\times M,n) \simeq K(M,n)\times K(M,n) & \xrightarrow{\text{addition}} & K(M,n) \end{array}$$

Car les deux morphismes $X \times X \to K(M,n)$ obtenus par composition des flèches sont égaux à f_w, où $w : \pi \times \pi \to M$ est l'homomorphisme qui envoie (a,b) dans $u(a) + u(b) = u(a+b)$.

Prenons pour X le groupe simplicial $K(\pi,n)$. Si $\pi = M$ la composition des applications définit une structure de monoïde sur $S(K(\pi,n), K(\pi,n))$. Notons $D(K(\pi,n))$ le groupe simplicial des éléments inversibles de ce monoïde et Aut π le groupe des automorphismes du groupe π.
Désignons par

$$\theta : K(\pi,n) \to D(K(\pi,n))$$

le morphisme qui associe au q-simplexe $x : (\Delta_q) \to K(\pi,n)$ la translation $\theta(x)$ définie par

$$\theta(x)(y,\delta) = (x\circ\delta + y), ((y,\delta) : (\Delta_p) \to K(\pi,n) \times (\Delta_q)).$$

Le morphisme θ est un homomorphisme de groupes simpliciaux. Notons

$$k : \text{Aut } \pi \to D(K(\pi,n))$$

l'homomorphisme qui associe à $u \in$ Aut π le morphisme $f : K(\pi,n) \to K(\pi,n)$ tel que $\pi_n(f) = u$. (On a donc $k(u) = f_u$).

<u>Corollaire</u> 2. (Structure de $D(K(\pi,n))$ pour $n > 0$ et π abélien).

$D(K(\pi,n))$ est le produit semi-direct des groupes simpliciaux $K(\pi,n)$ et Aut π, ce dernier opérant naturellement sur $K(\pi,n)$. C'est-à-dire qu'on a une suite exacte scindée de groupes simpliciaux

$$0 \to K(\pi,n) \xrightarrow{\theta} D(K(\pi,n)) \underset{k}{\overset{\pi_n}{\rightleftarrows}} \mathrm{Aut}\ \pi \to 1$$

qui identifie $D(K(\pi,n))$ avec le produit $K(\pi,n) \times \mathrm{Aut}\ \pi$. Le produit de $D(K(\pi,n))$ est alors

$$(x,u) \circ (y,v) = (x+k(u)(y), u \circ v)$$

+ désignant l'opération du groupe $K(\pi,n)$.

Démonstration.

D'après le corollaire 1, $D(K(\pi,n))$ est, comme ensemble simplicial, le produit $K(\pi,n) \times \mathrm{Aut}\ \pi$. Soient $f = (x,u)$ et $g = (y,v)$ des q-simplexes de $D(K(\pi,n))$. On a

$$x = f(0,\Delta_q) \qquad y = g(0,\Delta_q)$$

$$u = \pi_n(f) \qquad v = \pi_n(g)$$

Ce qui donne

$$\pi_n(f o g) = u o v \text{ et } (f o g)(0,\Delta_q) = f(y) = x+k(u)(y)$$

La proposition II-8 appliquée à la suite exacte du corollaire 2 donne immédiatement :

Corollaire 3. (Structure de $\overline{W}D(K(\pi,n))$ pour $n > 0$ et π abélien).

La suite exacte du corollaire 2 induit un fibré en groupes

$$K(\pi,n+1) \to \overline{W}D(K(\pi,n)) \to K(\mathrm{Aut}\pi,1)$$

qui est le $K(\mathrm{Aut}\ \pi,1)$-classifiant du fibré en groupes de fibre $K(\pi,n)$ associé au fibré universel de Aut π par l'opération naturelle de Aut π sur $K(\pi,n)$. C'est-à-dire que si $t : K(\mathrm{Aut}\ \pi,1) \to \mathrm{Aut}\ \pi$ désigne la fonction tordante associée à $1_{\mathrm{Aut}\ \pi}$ on a un isomorphisme canonique de fibrés en groupes

$$\overline{W}D(K(\pi,n)) \simeq K(\pi,n+1) \times_t K(\mathrm{Aut}\ \pi,1).$$

2. B-opérations cohomologiques.

Dans K'_B, les groupes discrets de K'_{point} sont remplacés, par les fibrés en groupes à fibres discrètes c'est-à-dire les fibrés de coefficients $\pi \times_t B$ où π est un groupe abélien et $t : B \to \mathrm{Aut}\ \pi$ une fonction tordante (t induit un homomorphisme $\pi_1(B) \to \mathrm{Aut}\ \pi$ donc une opération de $\pi_1(B)$ sur π). La cohomologie naturelle pour K'_B est donc la cohomologie à valeurs dans un fibré de coefficients. L'opération des chemins de B sur les coefficients se traduit par une modification de la différentielle des cochaines singulières à valeurs dans un groupe fixe π. On montre ainsi que les fibrés en groupes $K(\pi,n)\times_t B = \overline{W}^n(\pi\times_t B)$ sont les classifiants de cette cohomologie qu'on appellera B-cohomologie (comparer avec les relations (4) et (8) du 1°).

Ceci nous donne le premier exemple de calcul du π_* de l'espace des sections d'un fibré en groupes non trivial.

Les B-opérations cohomologiques (qui nous permettrons de définir les invariants d'un fibré en groupes au paragraphe 5) sont alors représentables par des B-morphismes

$$K(\pi,n)\times_t B \to K(\pi',n')\times_{t'} B \quad (t' : B \to \mathrm{Aut}\ \pi').$$

Les propriétés des B-opérations cohomologiques qu'on utilise dans la suite se déduisent de cette représentation.

Pour les fibrés de coefficients voir Steenrod [23]. La modification de la différentielle à partir de l'opération des chemins est introduite dans Eilenberg [6]. Les classifiants de la cohomologie à valeurs dans un fibré de coefficients sont donnés dans Siegel [21]. Sur les opérations cohomologiques dans les fibrés de coefficients voir Siegel [21] et [22].

a) B-<u>cohomologie</u>

Soient π un groupe abélien et $t : B \to \mathrm{Aut}\ \pi$ une fonction tordante. Notons G le groupe Aut π, qui opère à gauche dans π. On construit un fibré principal X de base B, de groupe G (opérant à droite dans X) en prenant le produit tordu

$$G \times_t B$$

avec l'opérateur $d_0(g,b) = (t(b)g, d_0 b)$. Considérons le groupe $C^\cdot(X,\pi)$ des cochaînes de X à valeurs dans π. On y définit des opérations δ_i par transposition des d_i : si f est une cochaîne, on pose

$$(\delta_i f)(x) = f(d_i x)$$

On a aussi des opérations σ_i en transposant les s_i. On fait opérer G à droite dans $C^\cdot(X,\pi)$ de deux façons : $\alpha \in G$ transforme f en $x \to \alpha^{-1} f(x)$ de la première façon, en $x \to f(x\alpha)$ de la seconde.

<u>Définition</u> III-1.

Le groupe des B-<u>cochaînes</u>, noté $C^\cdot_t(B,\pi)$, est le sous-groupe de $C^\cdot(X,\pi)$ formé des cochaînes f telles que

(1) $f(x\alpha) = \alpha^{-1} f(x)$ pour tout $\alpha \in G$ et tout $x \in X$,

Comme le sous-groupe $C^{\bullet}{}_t(B,\pi)$ est évidemment stable par les δ_i et les σ_i, il est muni d'une différentielle induite par la différentielle δ (somme alternée des δ_i).

Proposition III-1.

On définit un isomorphisme de groupe gradué

$$C^{\bullet}{}_t(B,\pi) \overset{\cong}{\to} C^{\bullet}(B,\pi)$$

en associant à la B-cochaîne f la cochaîne $b \mapsto f(e,b)$ (e élément neutre de G). Par cet isomorphisme la différentielle sur $C^{\bullet}{}_t(B,\pi)$ détermine sur $C^{\bullet}(B,\pi)$ la différentielle d_t telle que, pour $b \in B$, $h \in C^{\bullet}(B,\pi)$

$$(d_t h)(b) = t(b)^{-1}\, h(d_0 b) + \sum_{i>0} (-1)^i\, h(d_i b)$$

Démonstration.

On définit un morphisme en sens inverse en associant à chaque $h \in C^{\bullet}(B,\pi)$ la B-cochaîne f définie par $f(\alpha,b) = \alpha^{-1}\, h(b)$, $\alpha \in G$, $b \in B$. On a

$$(\delta_o f)(e,b) = f(d_0(e,b)) = f(t(b),d_0 b) = t(b)^{-1} f(e,d_0 b),$$

donc $(\delta_0 h)(b) = t(b)^{-1} h(d_0 b)$, tandis que

$$(\delta_i h)(b) = h(d_i b) \text{ pour } i \geqslant 1 \text{ et } (\sigma_i h)(b) = h(s_i b) \text{ pour } i \geqslant 0.$$

b) Classifiants.

Dans la suite on ne considère que des cochaînes normalisées (i.e. celles qui s'annulent sur les simplexes dégénérés).
Rappelons qu'elles sont stables par la différentielle et qu'elles définissent la même cohomologie.
On désigne désormais par $C^{\bullet}(Y,\pi)$ le groupe des cochaînes normalisées de l'ensemble simplicial Y à coefficients dans π, et par $C^{\bullet}{}_t(B,\pi)$ le groupe des cochaînes normalisées de B muni de la différentielle d_t (elles correspondent aux cochaînes normalisées de X satisfaisant à (1)). Les groupes des cocycles et de cohomologie correspondants sont notés $Z^{\bullet}{}_t(B,\pi)$ et $H^{\bullet}{}_t(B,\pi)$.

Rappelons que les additions des groupes $K(\pi,n)$ et $L(\pi,n+1)$ induisent canoniquement des structures de fibrés en groupes sur les produits tordus

$$K(\pi,n) \times_t B \text{ et } L(\pi,n+1) \times_t B.$$

Théorème III-2.

Le morphisme qui associe à toute section $b \to (c(b),b)$ du fibré en groupes $L(\pi,n+1) \times_t B$ la n-cochaîne déterminée par la restriction de c à B_n, induit les isomorphismes suivants

(2) $C^n_t(B,\pi) \simeq \mathrm{Sec}(L(\pi,n+1) \times_t B)$

(3) $Z^n_t(B,\pi) \simeq \mathrm{Sec}(K(\pi,n) \times_t B$

(4) $H^n_t(B,\pi) \simeq \pi_0(\Gamma(K(\pi,n) \times_t B))$.

Démonstration.

Les n-cochaînes normalisées de X correspondent naturellement aux applications simpliciales $X \to L(\pi,n+1)$. Le groupe $G = \mathrm{Aut}\ \pi$ opère à droite dans X et à droite dans $L(\pi,n+1)$, de sorte que les cochaînes normalisées de X qui satisfont à (1) s'identifient aux applications simpliciales compatibles avec les opérations de G.
Ce sont les $f : X \to L\ (\pi,n+1)$ telles que $f(\alpha x) = \alpha^{-1} f(x)$, $\alpha \in G$.
Si on traduit cette condition pour $h : B \to L(\pi,n+1)$ définie par $h(b) = f(e,b)$ on voit que

$$d_0 h(b) = t(b)^{-1}\ h(d_0 b)$$

ce qui exprime que $b \to (h(b),b)$ est une section $B \to L(\pi,n+1) \times_t B$.
On a une suite exacte de groupes simpliciaux (cf. 1.(3))

$$0 \to K(\pi,n) \to L(\pi,n+1) \xrightarrow{\partial} K(\pi,n+1)$$

où ∂ est le morphisme induisant la différentielle des cochaînes normalisées. Cette suite exacte induit canoniquement une suite exacte de fibré en groupes

$$B \to K(\pi,n) \times_t B \to L(\pi,n+1) \times_t B \xrightarrow{\partial_B} K(\pi,n+1) \times_t B$$

Le morphisme ∂_B induit évidemment la différentielle d_t. Le groupe $L(\pi,n+1)$ étant homotopiquement nul, l'image de la fibration

$$\Gamma(L(\pi,n+1) \times_t B) \to \Gamma(K(\pi,n+1) \times_t B)$$

est la composante connexe de l'élément neutre du groupe simplicial $\Gamma(K(\pi,n+1) \times_t B)$. L'image de ∂_B est donc formée des sections homotopes à la section nulle, ce qui montre le troisième isomorphisme.

Soit $\chi : X \to B$ un objet de K'_B. En composant avec χ, t définit une fonction tordante $X \to \mathrm{Aut}\ \pi$, qu'on notera encore t. Comme pour tout fibré $\psi : Y \to B$, on a un isomorphisme naturel d'ensembles simpliciaux

$$S_B(\chi,\psi) \simeq \Gamma(\chi^*(\psi))$$

le théorème III-2 entraîne immédiatement (cf. isomorphismes (6), (7), (8) du 1°).

<u>Corollaire</u>

Soient $\chi : X \to B$ un objet de K'_B et $t : B \to \mathrm{Aut}\,\pi$ une fonction tordante (t induit une fonction tordante $t : X \to \mathrm{Aut}\,\pi$). On a des isomorphismes canoniques

(5) $\quad C^n_t(X,\pi) \simeq \mathrm{Hom}_B(\chi, L(\pi,n+1) \times_t B)$

(6) $\quad Z^n_t(X,\pi) \simeq \mathrm{Hom}_B(\chi, K(\pi,n) \times_t B)$

(7) $\quad H^n_t(X,\pi) \simeq \pi_0(S_B(\chi, K(\pi,n) \times_t B))$

c) B-<u>opérations cohomologiques</u>.

<u>Définition</u> III-2.

Soient π et π' des groupes abéliens, et $t : B \to \mathrm{Aut}\,\pi$, $t' : B \to \mathrm{Aut}\,\pi'$ deux fonctions tordantes. Une B-<u>opération cohomologique</u> de type (n,p,t,t') est une transformation naturelle entre les foncteurs

$$H^n_t(.,\pi) \text{ et } H^p_{t'}(.,\pi')$$

Tout B-morphisme

$$u : K(\pi,n) \times_t B \to K(\pi',p) \times_{t'} B$$

définit une B-opération cohomologique de type (n,p,t,t') qui associe à $\theta \in H^n_t(X,\pi)$, représentée par $f : X \to K(\pi,n) \times_t B$, la classe $T(u,\theta) \in H^p_{t'}(X,\pi')$ représentée par $u \circ f$.
On associe ainsi à la classe de u dans $H^p_{t'}(K(\pi,n) \times_t B,\pi')$ une B-opération cohomologique de type (n,p,t,t'). Comme pour les opérations cohomologiques classiques on montre :

<u>Proposition</u> III-2.

Le groupe des B-opérations cohomologiques de type (n,p,t,t') est canoniquement isomorphe au p^e groupe de cohomologie

$$H^p_{t'}(K(\pi,n) \times_t B,\pi')$$

On note

$$H^p_{t'}(\pi,n,t,\pi')$$

le groupe des B-opérations cohomologiques de type (n,p,t,t').

Remarque III-1.

Lorsque la fonction tordante est nulle, la B-cohomologie redonne la cohomologie singulière. Mais même dans le cas $t = t' = 0$, la définition des B-opérations cohomologiques donnée ci-dessus ne retombe pas sur celle des opérations cohomologiques habituelles. La cohomologie de B intervient toujours comme on va le voir à la fin de ce paragraphe (cf. partie e).

Une B-opération cohomologique est pointée si elle envoie la classe 0 sur la classe 0. On note

$$H^P_{t'}(\pi,n,t,\pi')_B$$

le groupe des B-opérations cohomologiques pointées de type (n,p,t,t').

Pour chaque B-opération cohomologique $\xi \in H^P_{t'}(\pi,n,t,\pi')$, l'image de $0 \in H^n_t(B,\pi)$ est une classe $\xi_o \in H^P_{t'}(B,\pi')$. On vérifie immédiatement en utilisant la fonctorialité que ξ est pointée si, et seulement si ξ_o est nulle.

Soient $\chi : X \to B$ et $\chi' : X' \to B$ deux objets de K'_B qu'on suppose pointés par la donnée de sections $s : B \to X$ et $s' : B \to X'$. On note $S'_B(\chi,\chi')$ le sous-ensemble simplicial de $S_B(\chi,\chi')$ des B-morphismes pointés. Un q-simplexe de $S'_B(\chi,\chi')$ est donc un $B \times (\Delta_q)$-morphisme $f : X \times (\Delta_q) \to X' \times (\Delta_q)$ vérifiant

$$f \circ (s \times 1_{(\Delta_q)}) = s' \times 1_{(\Delta_q)}$$

Proposition III-3.

Toute B-opération cohomologique pointée appartenant à $H^P_{t'}(\pi,n,t,\pi')_B$ est représentable par un B-morphisme $K(\pi,n) \times_t B \to K(\pi',p) \times_{t'} B$ respectant la section nulle. On définit ainsi un isomorphisme

$$(8)\quad H^P_{t'}(\pi,n,t,\pi')_B \simeq \pi_0(S'_B(K(\pi,n)\times_t B,\ K(\pi',p)\times_{t'} B))$$

De plus en écrivant $\xi \in H^P_{t'}(\pi,n,t\pi')$ sous la forme $\xi - \xi_o + \xi_o$ on définit un isomorphisme

(9) $H^P_{t'}(\pi,n,t,\pi') \simeq H^P_{t'}(\pi,n,t,\pi')_B \oplus H^P_{t'}(B,\pi')$.

Démonstration.

Pour $\chi : X \to B$ objet de K'_B pointé par la donnée d'une section et $\eta : \mathcal{G} \to B$ B-groupe, on a une suite exacte scindée de groupes simpliciaux, abéliens si η est abélien

(10) $1 \to S'_B(\chi,\eta) \to S_B(\chi,\eta) \rightleftarrows \Gamma(\eta) \to 1$

En posant $X = K(\pi,n)\times_t B$ et $\mathcal{G} = K(\pi',p)\times_{t'} B$, cette suite exacte induit sur les π_0 les isomorphismes de la proposition.

Au passage notons le résultat suivant.

Lemme III-2.

Soient X un ensemble simplicial et un entier $n > 0$. On a

$$\pi_i(S'(X,K(\pi,n)) \simeq H^{n-i}(X,\pi) \text{ pour } i < n$$
$$= 0 \text{ pour } i \geqslant n$$

Démonstration.

Dans (10) prenons B réduit à un point et posons $\mathcal{G} = K(\pi,n)$. On obtient

(11) $0 \to S'(X,K(\pi,n)) \to S(X,K(\pi,n)) \rightleftarrows K(\pi,n) \to 0$.

dont le deuxième morphisme induit un isomorphisme

$$\pi \simeq \pi_n(S(X,K(\pi,n)) \xrightarrow{\simeq} \pi_n(K(\pi,n)) = \pi$$

Le lemme se déduit alors de la suite exacte d'homotopie du fibré défini par (11).

Calculons $H^P_{t'}(\pi,n,t,\pi')_B$ dans quelques cas simples.

Rappelons que pour tout groupe abélien discret A, toute fonction tordante $t : B \to \text{Aut } A$ représente une opération de $\pi_1(B)$ sur A. Si on désigne par $A_{\pi_1(B)}$ le sous groupe de A invariant dans cette opération, on a

$$H^0_t(B,A) \simeq A_{\pi_1(B)}.$$

Un élément $(u,u') \in \text{Aut } \pi \times \text{Aut } \pi'$ opère sur $v \in S(\pi,\pi')$ par

(12) $(u,u')v = u'vu^{-1}$.

$S'(\pi,\pi')$ et $Hom(\pi,\pi')$ sont stables par cette opération. La fonction tordante produit $t \times t' : B \to Aut\ \pi \times Aut\ \pi'$ définit donc une opération de $\pi_1(B)$ sur $S(\pi,\pi')$.

<u>Proposition</u> III-4.

On a

$H^n_{t'}(\pi,n,t,\pi')_B \simeq Hom(\pi,\pi')_{\pi_1(B)}$ pour $n > 0$

$H^p_{t'}(\pi,n,t,\pi')_B = 0$ pour $n > p > 0$ ou pour $n = 0$ et $p > 0$

$H^0_{t'}(\pi,0,t,\pi')_B \simeq S'(\pi,\pi')_{\pi_1(B)}$

<u>Remarque</u> III-2.

Le groupe $H^n(\pi,n,\pi')$ des opérations cohomologiques est égal à $Hom(\pi,\pi')$. Le premier isomorphisme de la proposition III-4 montre que pour t et t' fixés une opération cohomologique ne définit pas forcément une B-opération cohomologique. C'est cependant toujours le cas lorsque t et t' sont nulles.

<u>Démonstration de la proposition</u> III-4.

D'après le lemme I-1, on a un isomorphisme

(13) $S_B(K(\pi,n)\times_t B,\ K(\pi',p)\times_{t'}B) \simeq \Gamma\, \mathcal{S}\, (K(\pi,n)\times_t B,\ K(\pi',p)\times_{t'}B)$

D'après la proposition I-3 b, on a également un isomorphisme

(14) $\mathcal{S}(K(\pi,n)\times_t B,\ K(\pi',p)\times_{t'}B) \simeq S(K(\pi,n),K(\pi',p))\times_{t\times t'}B.$

On déduit des isomorphismes (13) et (14) un isomorphisme

$$H^p_{t'}(\pi,n,t,\pi') \simeq \pi_0(\Gamma(S(K(\pi,n),K(\pi',p))\times_{t\times t'}B))$$

qui induit

(15) $H^p_{t'}(\pi,n,t,\pi')_B \simeq \pi_0(\Gamma(S'(K(\pi,n),K(\pi',p))\times_{t\times t'}B))$

D'autre part on a, d'après le corollaire 1 du théorème III-1,

(16) $S'(K(\pi,n),K(\pi',n)) = Hom(\pi,\pi')$ pour $n > 0$

(17) $S'(K(\pi,n)K(\pi',p)) = 0$ pour $n > p$

Cette deuxième égalité vient du fait qu'un q-simplexe de $S'(K(\pi,n)K(\pi',p))$ est un p cocycle $\gamma \in Z^p(K(\pi,n) \times (\Delta_q),\ \pi')$ dont la restriction à $0 \times (\Delta_q)$ est nulle. Donc γ est identiquement nul. On a également

(18) $S'(K(\pi,n)K(\pi',0)) = 0$ pour $n > 0$

(19) $= S'(\pi,\pi')$ pour $n = 0$

(16) et (19) induisent respectivement

$$H^n_{t'}(\pi,n,t,\pi')_B \simeq H^0_{t\times t'}(B,\mathrm{Hom}(\pi\pi'))$$

$$H^0_{t'}(\pi,0,t,\pi')_B = H^0_{t\times t'}(B,S'(\pi,\pi'))$$

D'où le premier et le troisième isomorphisme de la proposition.

Le deuxième se déduit trivialement de (17) et (18).

d) Suspension des B-opérations cohomologiques pointées.

Soit $\xi \in H^p_t(\pi,n,t,\pi')_B$ et soit

$$f : K(\pi,n) \times_t B \to K(\pi',p) \times_{t'} B$$

représentant ξ. Pour tout objet de K'_B $\chi : X \to B$, f définit une application

$$S_B(\chi,K(\pi,n) \times_t B) \to S_B(\chi,K(\pi',p) \times_{t'} B)$$

Cette application induit un morphisme (si on a choisi f tel que l'image de la section nulle soit la section nulle)

$$\begin{array}{ccc}
\pi_1(S_B(\chi,K(\pi,n) \times_t B)) & \longrightarrow & \pi_1(S_B(\chi,K(\pi',p) \times_{t'} B)) \\
\simeq \downarrow & & \downarrow \simeq \\
\pi_0(S_B(\chi,K(\pi,n-1) \times_t B)) & & \pi_0(S_B(\chi,K(\pi',p-1) \times_{t'} B)) \\
\simeq \downarrow & & \downarrow \simeq \\
H^{n-1}_t(X,\pi) & \longrightarrow & H^{p-1}_{t'}(X,\pi')
\end{array}$$

Définition III-3.

On appelle suspension de ξ la B-opération cohomologique pointée de type $(n-1,p-1,t,t')$ associée à ξ par cette construction. On la note $\sigma\xi$.

Appelons B-opérations cohomologiques additives celles dont les applications

$$H^n_t(X,\pi) \to H^p_{t'}(X,\pi')$$

sont additives pour tout objet $\chi : X \to B$ de K'_B. La suspension d'une B-opération cohomologique est évidemment additive.

e) Cup-produit.

Nous allons caractériser les B-opérations cohomologiques qui opèrent par cup-produit. On utilisera ce résultat au chapitre VI.

Commençons par donner une construction naturelle du cup-produit en utilisant la construction $\overline{W}$ sur les fibrés en groupes.

Soient G,G',G" des groupes simpliciaux abéliens. Un accouplement est un morphisme simplicial

$$\cup : G' \times G'' \to G$$

vérifiant

$$(X_1'+X_2') \cup X'' = X_1' \cup X'' + X_2' \cup X''$$
$$X' \cup (X_1''+X_2'') = X' \cup X_1'' + X' \cup X_2''$$

Les projections $G' \times G'' \to G'$ et $G' \times G'' \to G''$ sont des fibrés en groupes triviaux et $\cup$ induit un G"-morphisme de fibrés groupes

$$\cup'' : G' \times G'' \to G \times G''$$

et un G'-morphisme de fibrés en groupes

$$\cup' : G' \times G'' \to G' \times G$$

Appliquons a $\cup''$ la construction $\overline{W}$ (construction $\overline{W}$ sur les fibrés en groupes de base B = G"). On obtient un G"-morphisme de fibrés en groupes

$$\overline{W}G' \times G'' \to \overline{W}G \times G''$$

qui composé avec la projection $\overline{W}G \times G'' \to \overline{W}G$ défini un accouplement

$$\overline{W}G' \times G'' \to \overline{W}G$$

En itérant on prolonge $\cup$ pour tout $p \geqslant 0$, $q \geqslant 0$ en un accouplement

$$\cup : \overline{W}^pG' \times \overline{W}^qG'' \to \overline{W}^{p+q}G \tag{20}$$

Exemple 1.

Soient π,π',π'' des groupes abéliens discrets. Prenons $G = \pi$, $G'' = \pi'$, $G'' = \pi''$ alors $\cup$ est défini par un homomorphisme

$$\pi' \otimes \pi'' \to \pi \tag{21}$$

et son prolongement est un accouplement simplicial

$$K(\pi',p) \times K(\pi'',q) \to K(\pi,p+q)$$

induisant sur les classes d'applications le cup-produit

$$H^p(X,\pi') \times H^q(X,\pi'') \to H^{p+q}(X,\pi)$$

associé à (21).

Soient maintenant $\mathcal{G}$, $\mathcal{G}'$, $\mathcal{G}''$ des fibrés en groupes abéliens. Un B-<u>accouplement</u>

$$\smile : \mathcal{G}' \times_B \mathcal{G}'' \to \mathcal{G}$$

est un B-morphisme vérifiant les mêmes propriétés qu'un accouplement. La méthode précédente se généralise et on prolonge, pour $p \geqslant 0$, $q \geqslant 0$, le B-morphisme $\smile$ en un B-morphisme

$$\smile : \overline{W}^p \mathcal{G}' \times_B \overline{W}^q \mathcal{G}'' \to \overline{W}^{p+q} \mathcal{G}\ .$$

<u>Exemple</u> 2.

Prenons pour $\mathcal{G}$, $\mathcal{G}'$, $\mathcal{G}''$ des fibrés de coefficients $\pi \times_t B$, $\pi' \times_{t'} B$, $\pi'' \times_{t''} B$. Alors le prolongement de $\smile$ définit sur les classes de sections le cup-produit

$$H^p_{t'}(B,\pi') \times H^q_{t''}(B,\pi'') \to H^{p+q}_t(B,\pi).$$

Montrons maintenant que l'isomorphisme déduit de (13) et (14)

$$H^{p+q}_{t'}(\pi,p,t,\pi')_B \simeq \pi_0(\Gamma(S'((K(\pi,p)K(\pi',p+q))\times_{t\times t'}B))$$

permet de <u>filtrer</u> naturellement $H^{p+q}_{t'}(\pi,p,t,\pi')_B$.

Pour tout groupe simplicial G et tout entier $j \geqslant 0$, désignons par $G_{(j)}$ le sous-groupe simplicial de G formé des simplexes de G qui ont leur (j-1)-squelette réduit à l'élément neutre. On pose $G_{(0)} = G$. On a

$$(22)\qquad \begin{aligned} \pi_i(G_{(j)}) &= \pi_i(G) \text{ si } i \geqslant j \\ &= 0 \quad \text{pour } i < j. \end{aligned}$$

Le groupe simplicial A(G) des automorphismes de G opère naturellement sur $G_{(j)}$ et pour toute fonction tordante $t : B \to A(G)$ l'inclusion $G_{(j)} \to G$ induit une B-inclusion

$$(23)\qquad G_{(j)}\times_t B \to G \times_t B.$$

Prenons $G = S'(K(\pi,p),K(\pi',p+q))$ et notons F^j le sous groupe de $H^{p+q}_{t'}(\pi,p,t,\pi')_B$ image de l'homomorphisme

$$\pi_0(\Gamma(G_{(j)}\times_t B)) \to \pi_0(\Gamma(G \times_t B))$$

induit par (23). Des relations (22) et du lemme III-2, on déduit

$$F^{o} = H^{p+q}_{t'}(\pi,p,t,\pi')_{B} \quad \text{et} \quad F^{q+1} = 0.$$

Signalons qu'à partir de cette filtration on peut montrer que si B est q-connexe, les B-opérations cohomologiques de type (p,p+q) coïncident avec les opérations cohomologiques de même type.

Proposition III-5.

Pour p > 0 et q > 0 il existe un morphisme surjectif canonique

$$\lambda : H^{q}_{t'\times t}(B,\mathrm{Hom}(\pi',\pi)) \to F^{q} \qquad (F^{q} \subset H^{p+q}_{t}(\pi',p,t',\pi)_{B})$$

vérifiant pour tout $c' \in H^{p}_{t'}(B,\pi')$ et $c'' \in H^{q}_{t'\times t}(B,\mathrm{Hom}(\pi',\pi))$

$$\lambda c''(c') = c' \cup c''$$

où $\cup$ est le cup-produit défini par l'homomorphisme naturel $\pi' \otimes \mathrm{Hom}(\pi',\pi) \to \pi$.

Démonstration

Commençons par montrer que le cup-produit peut être défini par une B-opération cohomologique de F^{q}.

Notons η' et η'' les projections de $\mathcal{G}'$ et $\mathcal{G}''$. Un accouplement $\cup : \mathcal{G}'\times_{B} \mathcal{G}'' \to \mathcal{G}$ définit naturellement un B-morphisme de fibré en groupes

$$(24) \quad \mathcal{G}'' \longrightarrow \mathcal{S}(\eta',\eta'')$$

(pour le construire on utilise l'isomorphisme correspondant dans K'_{B} à l'isomorphisme $S(X\times Y,Z) \simeq S(X,S(Y,Z))$ de K'_{point}, cf. I.3). Dans le cas de l'exemple 2 (24) s'écrit

$$(25) \quad K(\pi'',q)\times_{t''}B \longrightarrow S(K(\pi',p),K(\pi,p+q))\times_{t'\times t}B.$$

Il induit sur les classes de sections un homomorphisme

$$\lambda : H^{q}_{t''}(B,\pi'') \to H^{p+q}_{t}(\pi',p,t',\pi)$$

qui, pour $c' \in H^{p}_{t'}(B,\pi')$ et $c'' \in H^{q}_{t''}(B,\pi'')$ vérifie

$$c' \cup c'' = \lambda c''(c').$$

De plus l'image du B-morphisme (25) est évidemment contenu dans $S'(K(\pi',p),K(\pi,p+q))_{(q)} \times_{t'\times t}B$ donc l'image de λ est contenue dans F^{q}.

Montrons réciproquement que tout élément de F^{q} opère par cup-produit.

Soient G et H des groupes simpliciaux et $f : X \times G \to X \times H$ un B-morphisme de fibrés en groupes. Ce morphisme induit les diagrammes commutatifs

$$(26)\quad \begin{array}{ccc} X \times G & \longrightarrow & H \\ \downarrow & & \downarrow \\ X \times WG & \longrightarrow & WH \\ \downarrow & & \downarrow \\ X \times \overline{W}G & \longrightarrow & \overline{W}H \end{array} \qquad\qquad (27)\quad \begin{array}{ccc} G & \longrightarrow & S(X,H) \\ \downarrow & & \downarrow \\ WG & \longrightarrow & S(X,WH) \\ \downarrow & & \downarrow \\ \overline{W}G & \longrightarrow & S(X,\overline{W}H) \end{array}$$

(27) est obtenu à partir de (26) en appliquant l'isomorphisme $S(X \times Y,Z) \simeq S(X,S(Y,Z))$. Si G et H sont abéliens (27) est un diagramme de morphismes de groupes. Comme WG et $S(X,WH)$ sont contractiles, le morphisme induit par (27) entre les suites exactes d'homotopie des fibrés représentés verticalement dans (27) donnent pour tout $i > 0$ des carrés commutatifs

$$(28)\quad \begin{array}{ccc} \pi_i(\overline{W}G) & \longrightarrow & \pi_i(S(X,\overline{W}H)) \\ \simeq\downarrow & & \downarrow\simeq \\ \pi_{i-1}(G) & \longrightarrow & \pi_{i-1}(S(X,H)) \end{array}$$

Appliquons ceci dans le cas de l'exemple 1, ou de plus on prend $\pi'' = \mathrm{Hom}(\pi',\pi)$ (21) étant le morphisme naturel $\pi' \otimes \mathrm{Hom}(\pi',\pi) \to \pi$. Pour $p > 0$, le morphisme

$$K(\pi',p) \times \mathrm{Hom}(\pi',\pi) \to K(\pi,p)$$

défini le scindage

$$(29)\qquad \mathrm{Hom}(\pi',\pi) \to S(K(\pi',p),K(\pi,p))$$

de la suite exacte du théorème III-1 dans lequel on a posé $n = p$ et $X = K(\pi',p)$. Le morphisme (29) induit donc un isomorphisme des π_0. Prenons $X = K(\pi',p)$, $G = \mathrm{Hom}(\pi',\pi)$ et $H = K(\pi,p)$ dans (26). Alors pour $i = 1$ le morphisme inférieur de (28) est l'isomorphisme des π_0 induit par (29). En itérant, on vérifie que pour tout $q > 0$, l'accouplement

$$K(\pi',p) \times K(\mathrm{Hom}(\pi',\pi),q) \to K(\pi,p+q)$$

définit un morphisme

$$(30)\qquad K(\mathrm{Hom}(\pi',\pi),q) \to S'(K(\pi',p),\, K(\pi,p+q))_{(q)}$$

induisant un isomorphisme entre les π_q. C'est donc une équivalence d'homotopie car rappelons que d'après le lemme III-2 $S'(K(\pi',p),\, K(\pi,p+q))_{(q)}$ est de type $K(\mathrm{Hom}(\pi',\pi),q)$. On prolonge (30) en un B-morphisme de fibrés en groupes

$$K(Hom(\pi',\pi),q) \times_{t'\times t} B \longrightarrow S'(K(\pi',p),K(\pi,p+q))_{(q)} \times_{t'\times t} B$$

qui est une B-équivalence d'homotopie d'après le théorème de Whitehead sur les équivalences faibles d'homotopie fibrée (cf. May, [13], théorème 12.9). En passant aux classes de sections on déduit

$$\lambda(H^q_{t'\times t}(B,Hom(\pi',\pi))) \simeq F^q.$$

Ce qui achève la démonstration de la proposition III-5.

Remarques III-5.

a) Pour p nul on voit facilement que λ est le morphisme

$$Hom(\pi',\pi)_{\pi_1(B)} \longrightarrow S'(\pi',\pi)_{\pi_1(B)}$$

b) On peut vérifier que les morphismes λ sont compatibles avec la suspension.

Remarquons le résultat suivant

Lemme III-3.

Soit H un groupe simplicial. Alors pour tout ensemble simplicial X, on a une équivalence d'homotopie naturelle

$$\overline{W}S(X,H) \longrightarrow S(X,\overline{W}H)_{(1)}$$

qui est un morphisme de groupes si H est abélien.

Démonstration.

Dans (26) posons $G = S(X,H)$ et $f : X \times S(X,H) \to H$ étant le morphisme naturel. Le morphisme inférieur du carré (28) est alors l'identité. Donc le morphisme inférieur de (27) qui est évidemment à valeurs dans $S(X,\overline{W}H)_{(1)}$, puisque $\overline{W}S(X,H)$ n'a qu'un seul sommet, induit pour tout $i > 0$ un isomorphisme des π_i. C'est donc une équivalence d'homotopie.

3. Fibrés dont les fibres sont de type $K(\pi,n)$

La classification des B-fibrés $p : E \to X$ où les fibres de $X \to B$ sont simplement connexes et les fibres de p sont de type $K(\pi,n)$ est un corollaire de la classification des fibrés dont les fibres sont de type $K(\pi,n)$. (Corollaire 2 du théorème III-4). On montre que ce sont des B-fibrés principaux. On prolonge ainsi le résultat classique lorsque B est ponctuel.

En prenant un sous fibré minimal qui soit un rétracte par déformation, la classification à B-homotopie près des fibrés $p : X \to B$ dont les fibres sont de type $K(\pi,n)$ se ramène à la classification à B-isomorphisme près des produits tordus $K(\pi,n)\times_\tau B$ de fonction tordante $\tau : B \to D(K(\pi,n))$. (Rappelons que $D(K(\pi,n))$ est le groupe simplicial des bijections simpliciales de $K(\pi,n)$, cf. 1°)). Cependant en général les structures dont est muni le fibré p, par exemple, structure de B-groupe, ne sont pas induites sur un sous fibré minimal. De plus, on n'a aucun renseignement particulier sur les B-équivalences $X \to K(\pi,n)\times_\tau B$. Pour ces raisons on préfère prouver leur existence en construisant explicitement la fonction tordante τ et les B-morphismes $X \to K(\pi,n)\times_\tau B$. On détermine ainsi complètement l'ensemble simplicial $S_B(p,K(\pi,n)\times_\tau B)$ (corollaire du théorème III-7). Ceci nous permettra dans le paragraphe suivant de classifier les fibrés en groupes de fibre un groupe de type $K(\pi,n)$ (théorème III-9).

Pour une classification des produits tordus $K(\pi,n)\times_\tau B$ voir May [13], § 25. Voir également Baues [1], (5.2).

Donnons d'abord la classification des produits tordus $K(\pi,n)\times_\tau B$. Rappelons qu'on a une suite exacte scindée (corollaire 2 du théorème III-1).

$$0 \to K(\pi,n) \longrightarrow D(K(\pi,n)) \underset{\pi_n}{\overset{k}{\leftrightarrows}} \text{Aut}\,\pi \to 1.$$

Proposition III-6.

i) Soit un produit tordu $K(\pi,n)\times_\tau B$ de fonction tordante $\tau : B \to D(K(\pi,n))$. Alors en utilisant la décomposition en produit semi-direct de $D(K(\pi,n))$ τ détermine une fonction tordante $t : B \to \text{Aut}\,\pi$ et une B-fonction tordante (définition II-3) $u : B \to K(\pi,n)\times_t B$. Le produit tordu $K(\pi,n)\times_\tau B$ est B-principal de fibré structural $K(\pi,n)\times_t B$ et de B-fonction tordante u :

$$K(\pi,n)\times_\tau B \simeq (K(\pi,n)\times_t B)\times_u B$$

ii) Deux produits tordus $K(\pi,n)\times_\tau B$ et $K(\pi,n)\times_{\tau'} B$ de fonctions tordantes $\tau = (t,u)$ et $\tau' = (t',u')$ sont B-isomorphes si, et seulement si, les classes dans $H^1(B,\text{Aut}\,\pi)$ déterminées par t et t' sont égales (t et t' sont donc équivalentes) et les classes dans $H_t^{n+1}(B,\pi)$ et dans $H_{t'}^{n+1}(B,\pi)$ déterminées par u et u' se correspondent dans l'isomorphisme $H_t^{n+1}(B,\pi) \to H_{t'}^{n+1}(B,\pi)$ défini par l'équivalence de t et de t'.

Démonstration.

i) D'après le corollaire 3 du théorème III-1, on a un fibré en groupes

$$K(\pi,n+1) \rightarrow \overline{W}D(K(\pi,n)) \leftrightarrows K(\mathrm{Aut}\ \pi,1)$$

La fonction tordante τ définie une application

$$f : B \to \overline{W}D(K(\pi,n))$$

qui composée avec la projection détermine

$$g : B \to K(\mathrm{Aut}\ \pi,1)$$

Posons $t : B \to \mathrm{Aut}\ \pi$, la fonction tordante définie par g. Alors le corollaire 3 du théorème III-1 entraine que le fibré en groupes image réciproque $g^*(\overline{W}D(K(\pi,n))) \to B$ est canoniquement B-isomorphe au produit tordu $K(\pi,n+1)\times_t B$. L'application f induit donc une section

$$s : B \to K(\pi,n+1)\times_t B$$

Soit $u : B \to K(\pi,n)\times_t B$ la B-fonction tordante définie par s. Posons $u(b) = (\tilde{u}(b),b)$, $b \in B$. Les fonctions t et $\tilde{u}$ sont les composantes de τ sur les facteurs de la décomposition de $\overline{W}D(K(\pi,n))$ en produit semi-direct. Par conséquent pour $b \in B_q$ et $x \in K(\pi,n)_{q-1}$. On a (corollaire 2 du théorème III-1)

$$\tau(b)(x) = \tilde{u}(b) + kt(b)(x)$$

D'après cette dernière relation l'application

$$K(\pi,n)\times_\tau B \to (K(\pi,n)\times_t B)\times_u B$$

qui a (x,b) associe ((x,b),b) est un B-isomorphisme.

ii) Puisqu'il s'agit de produits tordus minimaux, B-isomorphes est équivalent à B-homotopiquement équivalent (cf. May [13] proposition 10-13). Ces produits tordus seront B-isomorphes si et seulement si les applications f et f' de B dans $\overline{W}D(K(\pi,n))$ définies par τ et τ' sont homotopes. Supposons cette condition remplie. Alors les applications $B \to K(\mathrm{Aut}\ \pi,1)$ induites le sont également et cette homotopie définit un B-isomorphisme de $K(\pi,n+1)\times_t B$ avec $K(\pi,n+1)\times_{t'} B$. Notons s" la section de $K(\pi,n+1)\times_{t'} B$ image par cet isomorphisme de la section s associée à f comme dans i. Si s' est la section de $K(\pi,n+1)\times_{t'} B$ définie par f' alors l'homotopie entre f et f' induit une homotopie entre s" et s'.

Réciproquement reprenons les notations g,s,f et g',s',f', les applications f et f' étant respectivement déterminées par g et s et par g' et s'. L'égalité des classes définies par t et t' entraine que g et g' sont homotopes donc s" est également défini. La seconde hypothèse implique que s' et s" sont homotopes. La composée de ces deux homotopies induit une homotopie entre f et f'.

Les classes dans $H^1(B, \mathrm{Aut}\ \pi)$ et dans $H_t^{n+1}(B,\pi)$ déterminant la classe de B-isomorphisme du produit tordu $K(\pi,n)\times_\tau B$ sont appelées respectivement <u>classe caractéristique</u> et <u>classe d'obstruction</u> de ce produit tordu. (cf. définition III-4 et III-5 ci-dessous).

Nous allons maintenant prolonger cette classification aux fibrés dont les fibres sont de type $K(\pi,n)$.

<u>Classes caractéristiques d'un fibré</u>.

Soit $p : X \to B$ un fibré. On suppose que chaque fibre X_b (où b est un sommet de B) est connexe et que, pour un n donné, le groupe fondamental (de X_b) opère trivialement sur les groupes d'homotopie $\pi_n(X_b)$.

Choisissons dans chaque fibre X_b un point-base x_b, et choisissons un isomorphisme

$$\tau(b) : \pi_n(X_b,x_b) \overset{\simeq}{\to} \pi_n,$$

où π_n est un groupe isomorphe aux groupes d'homotopie π_n des fibres. Si maintenant b est un 1-simplexe de B, d'origine $b_0 = d_1 b$ et d'extrémité $b_1 = d_0 b$, la suite exacte d'homotopie du fibré $X_b \to (\Delta_1)$ défini par $b : (\Delta_1) \to B$ donne des isomorphismes

$$\pi_n(X_{b_0},x) \overset{\simeq}{\to} \pi_n(X_b,x) \text{ pour } x \in X_{b_0}$$

$$\pi_n(X_{b_1},x) \overset{\simeq}{\to} \pi_n(X_b,x) \text{ pour } x \in X_{b_1}$$

D'autre part le 1-simplexe b se relève dans X_b en un 1-simplexe d'origine x_{b_0} ; soit $x' \in X_{b_1}$ sont extrémité. Ce 1-simplexe de X_b définit un isomorphisme de $\pi_n(X_b,x_{b_0})$ sur $\pi_n(X_b,x')$, d'où finalement un isomorphisme $\pi_n(X_{b_0},x_{b_0})$ sur $\pi_n(X_{b_1},x_{b_1})$. On obtient un isomorphisme

$$\theta(b) : \pi_n(X_{b_0},x_{b_0}) \to \pi_n(X_{b_1},x_{b_1})$$

qui est indépendant du 1-simplexe relevant b (deux relèvements étant homotopes).

Enfin, si b est un 2-simplexe de B, on a

(1) $$\theta(d_0 b)\ \theta(d_2 b) = \theta(d_1 b)$$

Nous définissons une 1-cochaîne $t : B_1 \to \mathrm{Aut}\ \pi_n$ comme suit

$$t(b) = \tau(b_1)\theta(b)\tau(b_0)^{-1} ,$$

en notant $b_0 = d_1b$ et $b_1 = d_0b$. Il résulte de (1) que t est un 1-cocycle, donc définit un élément de $H^1(B,\mathrm{Aut}\ \pi_n)$.

Vérifions que cette classe ne dépend pas des choix. Conservons d'abord le choix des points-base, et modifions celui des isomorphismes $\tau(b)$. Cela revient à remplacer $\tau(b)$ par $\alpha(b)\ \tau(b)$ où $\alpha : B_0 \to \mathrm{Aut}\ \pi_n$ est une 0-cochaîne.
Alors t est remplacé par t' tel que, pour tout 1-simplexe b de sommets $b_0 = d_1b$ et $b_1 = d_0b$, on ait

$$t'(b) = \alpha(b_1)t(b)\alpha(b_0)^{-1}$$

Donc t est homologue à t'. Si maintenant on change dans chaque fibre x_b, b sommet de B, le point-base x_b en x'_b, on peut prendre comme nouvel isomorphisme $\tau'(b)$ le composé de l'isomorphisme unique $\pi_n(X_b,x_b') \to \pi_n(X_b,x_b)$ et de $\tau(b)$. Cela ne changera pas le cocycle t.

Définition III-4.

La classe dans $H^1(B,\mathrm{Aut}\ \pi_n)$ qu'on vient de définir est appelée la n^e classe caractéristique du fibré $p : X \to B$.

Lemme III-4.

Soient $p : X \to (\Delta_q)$ un fibré, π un groupe abélien et un entier $n > 0$. Soient également $\sigma : (\Delta_q) \to X$ une section de p, et $v : \pi_n(X_{b_o}) \to \pi$ un homomorphisme (X_{b_o} désigne la fibre de X, pointée en $\sigma(b_o)$, au-dessus du sommet b_o de (Δ_q)). Supposons que le (n-1)-squelette de X soit contenu dans l'image de la section σ. Alors il existe une application simpliciale, et une seule,

$$g : X \to K(\pi,n)$$

induisant l'homomorphisme v et envoyant l'image de σ en 0.

Démonstration.

Remarquons d'abord que xi x_o et x_1 sont deux sommets de X, il existe un 1-simplexe (unique) $c \in (\Delta_q)$ tel que $d_o\sigma(c) = x_o$ et $d_1\sigma(c) = x_1$. Le 1-simplexe $\sigma(c)$ définit un isomorphisme canonique de $\pi_n(X,x_o)$ sur $\pi_n(X,x_1)$. On peut donc écrire $\pi_n(X)$ sans préciser le point-base.

Soit maintenant un n-simplexe $x \in X$. Par hypothèse x et

$\sigma(p(x))$ ont même (n-1)-squelette. En faisant la "différence" de ces deux simplexes, on définit canoniquement un élément de $\pi_n(X)$ qu'on note $\{x - \sigma p(x)\}$. Cet élément est nul si $x = \sigma(p(x))$. Notons $a(x) \in \pi$ l'image de cet élément par le composé du morphisme v et de l'isomorphisme $\pi_n(X_{b_o}) = \pi_n(X)$.

Soit y un (n+1)-simplexe de X. Il a le même (n-1)-squelette que $\sigma(p(y))$. La somme alternée des éléments $\{d_i y - d_i \sigma(p(y))\}$ est nulle (ces éléments sont définis par les faces d'un "(n+1)-simplexe différence" entre y et $\sigma(p(y))$). Ceci montre que la n-cochaine définie par a est un cocycle et détermine une application $g : X \to K(\pi,n)$ qui s'annule sur l'image de σ et induit v.

Considérons $h : X \to K(\pi,n)$ induisant v. L'inclusion $X_{b_o} \to X$ induisant un isomorphisme des π_n, g et h définissent le même morphisme $\pi_n(X) \to \pi$. Pour tout n-simplexe $x \in X$, g et h prennent la même valeur sur $\{x - \sigma(p(x))\}$. Comme ils s'annulent sur l'image de σ, ils sont égaux.

Théorème III-4.

Soit $p : X \to B$ un fibré, tel que le (n-1)-squelette de X se projette bijectivement sur le (n-1)-squelette de B ($n \geq 1$). Supposons que le π_n de chaque fibre soit isomorphe à un groupe abélien π. Alors il existe un produit tordu

$$K(\pi,n)\times_\tau B$$

($\tau : B \to D(K(\pi,n))$) et un B-morphisme de X dans ce produit tordu, qui induit un isomorphisme des groupes π_n pour chaque fibre.

Corollaire 1.(classification des fibrés de fibre de type $K(\pi,n)$, $n > 0$).

Si les fibres de X ont le même type d'homotopie que $K(\pi,n)$, on obtient une B-équivalence d'homotopie

$$X \to K(\pi,n)\times_\tau B$$

donc avec un fibré B-principal sous l'action du fibré en groupes $K(\pi,n)\times_t B$ ($t : B \to \mathrm{Aut}\,\pi$ est déterminée par $\tau : B \to D(K(\pi,n))$).

<u>Corollaire</u> 2 (classification des B-fibrés dont les fibres sont de type $K(\pi,n)$, $n > 0$).

Soit $p : E \to X$ un fibré où E et X sont des fibrés de base B. Supposons que les fibres de p aient le type d'homotopie de $K(\pi,n)$, $n>0$, et que p induise une bijection du (n-1)-squelette de E sur celui de X. Supposons de plus que les fibres de $X \to B$ soient simplement connexes. Alors

i) $X \to B$ induit un isomorphisme

$$H^1(B,\mathrm{Aut}\ \pi) \overset{\simeq}{\to} H^1(X,\mathrm{Aut}\ \pi)$$

ii) $E \to X$ est X-homotopiquement équivalent à un B-fibré principal de fibré structural $K(\pi,n)\times_t B$ où $t : B \to \mathrm{Aut}\ \pi$ est une fonction tordante dans la classe déterminée par la n^e classe caractéristique de p (cette classe est dans $H^1(X,\mathrm{Aut}\ \pi)$ et détermine, par i, une classe dans $H^1(B,\mathrm{Aut}\ \pi)$).

<u>Démonstration du corollaire</u> 2.

i) Soit Q un groupe de coefficients non nécéssairement abélien et soit $p : X \to B$ un fibré dont la fibre F est connexe et simplement connexe. La projection p induit alors un isomorphisme

$$\pi_1(X) \simeq \pi_1(B)$$

donc un isomorphisme

$$\mathrm{Hom}(\pi_1(B),Q) \simeq \mathrm{Hom}(\pi_1(X),Q)$$

L'opération de Q sur lui-même par automorphismes intérieurs définit une opération de Q sur les deux termes de l'isomorphisme précédent qui induit par conséquent l'isomorphisme naturel

$$H^1(B,Q) \simeq \mathrm{Hom}(\pi_1(B),Q)/Q \simeq \mathrm{Hom}(\pi_1(X),Q)/Q \simeq H^1(X,Q).$$

ii) D'après le théorème III-4, il existe une fonction tordante $\tau : X \to D(K(\pi,n))$ et un X-morphisme surjectif

$$\Phi : E \to K(\pi,n)\times_\tau X$$

qui induit une X-équivalence d'homotopie. La fonction tordante τ est définie par la donnée d'un couple (t,u) où

$$t : X \to \mathrm{Aut}\ \pi \quad \text{et} \quad u : X \to K(\pi,n)\times_t X$$

sont respectivement une fonction tordante et une X-fonction tordante.

De plus, $K(\pi,n)\times_\tau X$ est X-principal sous l'action du fibré en groupes $K(\pi,n)\times_t X$.

Supposons en outre que la fibre de $X \to B$ soit simplement connexe. On peut alors choisir t de façon qu'elle soit la composée de $X \to B$ et d'une fonction tordante $B \to \mathrm{Aut}\,\pi$, que nous noterons encore t. Alors $K(\pi,n)\times_\tau X$, comme fibré de base B est B-principal sous l'action de $K(\pi,n)\times_t B$, le quotient étant $X \to B$.

Démonstration du théorème III-4.

Observons d'abord qu'une fonction tordante $t : B \to \mathrm{Aut}\,\pi$ est définie par une application $B \to \mathrm{Aut}\,\pi$ (que nous noterons encore t) qui satisfait aux conditions suivantes :

$$(2)\qquad \begin{aligned} &t(d_0b)t(b) = t(d_1b),\ t(d_ib) = t(b) \text{ pour } i \geq 2,\\ &t(s_ib) = t(b) \text{ pour } i \geq 1,\ t(s_0b) = 1 \ \text{(élément neutre de Aut } \pi). \end{aligned}$$

Dans la définition de la n^e classe caractéristique d'un fibré, on a défini un cocycle $t : B_1 \to \mathrm{Aut}\,\pi$ qui se prolonge canoniquement en une fonction tordante $t : B \to \mathrm{Aut}\,\pi$ (on pose, pour $b \in B_q$, $t(b) = t($1-simplexe d'origine b_o et d'extrémité b_1, 0e et 1e sommets de b)).

Soit b un q-simplexe de B, considéré comme un morphisme $(\Delta_q) \to B$. Par le morphisme b, le fibré $X \to B$ a une image réciproque, que nous noterons $X_b \to (\Delta_q)$. En particulier, si b est un sommet de B, X_b est la fibre au-dessus du "point" b (sous-ensemble simplicial de B engendré par le 0-simplexe b).

On va définir $u : B \to K(\pi,n)$ qui diminue la dimension d'une unité. Choisissons un relèvement $\rho : B \to X$ compatible avec les $d_i (i \geq 1)$ et les $s_i (i \geq 0)$. On sait que c'est possible. Dans chaque fibre X_{b_o}, il n'y a qu'un seul sommet $\rho(b_o)$, ce qui nous permet d'écrire simplement $\pi_n(X_{b_o})$. Comme dans la définition de la n^e classe caractéristique, on choisit un isomorphisme $\tau(b_o) : \pi_n(X_{b_o}) \to \pi$. Or, il existe un unique morphisme $X_{b_o} \to K(\pi,n)$ qui définisse $\tau(b_o)$ (parce que le (n-1)-squelette de X_{b_o} est au point-base). Nous le noterons f_{b_o}.

Soit b un q-simplexe de B et soit b_o son 0e sommet. Soit

$\sigma_b : (\Delta_q) \to X_b$ la section définie par $\rho(b)$. D'après le lemme III-4, il existe un unique morphisme $f_b : X_b \to K(\pi,n)$ qui prolonge f_{b_o} et qui s'annule sur l'image de la section σ_b.

On en déduit que, pour tout opérateur de dégénérescence s_i, le composé $X_{s_i b} \to X_b \xrightarrow{f_b} K(\pi,n)$ est $f_{s_i b}$, et que pour $i \geqslant 1$, le composé $X_{d_i b} \to X_b \xrightarrow{f_b} K(\pi,n)$ est $f_{d_i b}$. Reste à étudier le cas de $X_{d_0 b}$.

Remarquons que le composé $X_{d_0 b} \to X_b \xrightarrow{f_b} K(\pi,n) \xrightarrow{t(b)} K(\pi,n)$ prolonge bien f_{b_1} (b_1 1er sommet de b et 0e sommet de $d_0 b$) mais il ne s'annule pas sur l'image de la section $\sigma_{d_o b} : (\Delta_{q-1}) \to X_{d_o b}$ qui envoie Δ_{q-1} en $\rho(d_o b)$. A chaque $y \in X_{d_o b}$ on associe

$$t(b)f_b(y) - t(b)f_b(\sigma_{d_o b}(p(y)))$$

on obtient un morphisme de $X_{d_o b}$ dans $K(\pi,n)$ qui induit f_{b_1} sur X_{b_1} et envoie $\rho(d_o b)$ en 0. C'est donc $f_{d_o b}$.

En particulier, pour $x \in X$ tel que $p(x) = b$, on a

(3) $$f_{d_o b}(d_o x) = t(b)f_b(d_o x) - t(b)f_b(\rho d_o b).$$

Et, pour $y = \rho d_o d_o b$, on a

(4) $$f_{d_o b}(\rho d_o d_o b) = t(b)f_b(\rho d_o d_o b) - t(b)f_b(d_o \rho d_o b).$$

Posons

$$u(b) = -t(b)f_b(\rho d_o b).$$

u envoie B_q dans $K_{q-1}(\pi,n)$. On va montrer que le couple (t,u) est bien une fonction tordante pour $K(\pi,n) \times B$, et que si l'on pose

$$h(x) = f_{p(x)}(x),$$

l'application $g : X \to K(\pi,n) \times_{(t,u)} B$ définie par

$$g(x) = (h(x), p(x))$$

est un B-morphisme de X dans le produit tordu $K(\pi,n) \times_{(t,u)} B$.

Compte tenu de la définition de $u(b)$, les relations (3) et (4) s'écrivent :

(3') $$f_{d_o b}(d_o x) = t(b)f_b(d_o x) + u(b),$$

(4') $$f_{d_o b}(\rho d_o d_o b) = t(b)f_b(\rho d_o d_o b) + d_o u(b).$$

(Ne pas oublier que les f_b commutent avec tous les d_i et les s_i).

Admettons pour un instant que le couple (t,u) est bien une fonction tordante, et vérifions qu'alors l'application h ci-dessus est compatible avec tous les d_i et les s_i. Cela revient à vérifier

$$(\mathrm{I})\quad \begin{cases} h(d_o x) = t(x)(d_o h(x)) + u(b) \quad (b = p(x)), \\ h(d_i x) = d_i h(x) \quad \text{pour } i \geqslant 1 \\ h(s_i x) = s_i h(x) \quad \text{pour } i \geqslant 0. \end{cases}$$

Vérifions la première relation ; on a $h(d_o x) = f_{d_o b}(d_o x)$, et ceci, d'après (3'), est égal à

$$t(b)f_b(d_o x) + u(b) = t(b)(d_o f_b(x)) + u(b)$$
$$= t(b)(d_o h(x)) + u(b).$$

Pour la deuxième relation (I) :
si $i \geqslant 1$, $h(d_i x) = f_{d_i b}(d_i x) = f_b(d_i x) = d_i f_b(x) = d_i h(x)$
Enfin, pour la troisième relation (I) :
si $i \geqslant 0$, $h(s_i x) = f_{s_i b}(s_i x)$; or $x \in X_{s_i b}$, puisque $p(x) = d_i s_i b$, d'où : $f_{s_i b}(s_i x) = s_i f_{s_i b}(x) = s_i f_b(x) = s_i h(x)$.

Il reste à vérifier que le couple (t,u) satisfait aux relations d'une fonction tordante. On obtient ces relations en exprimant que les opérateurs d_i et s_i définis sur le produit $K(\pi,n) \times B$ par les formules

$$\begin{cases} d_o(a,b) = (t(b)(d_o a) + u(b),\ d_o b) \\ d_i(a,b) = (d_i a, d_i b) \quad \text{pour } i \geqslant 1 \\ s_i(a,b) = (s_i a, s_i b) \quad \text{pour } i \geqslant 0 \end{cases}$$

définissent bien une structure simpliciale, c'est-à-dire satisfont aux relations

$$\begin{cases} d_o d_1 = d_o d_o\ ,\ d_o d_i = d_{i-1} d_o \quad \text{pour } i \geqslant 2 \\ d_o s_o = \text{identité},\ d_o s_i = s_{i-1} d_o \quad \text{pour } i \geqslant 1, \end{cases}$$

les autres identités étant vérifiées d'elles-mêmes. La première de ces relations donne

$$(\mathrm{a})\quad \begin{cases} t(d_o b)t(b) = t(d_1 b) \\ u(d_o b) + t(d_o b)d_o u(b) = u(d_1 b), \end{cases}$$

la seconde donne

(b) $\quad t(d_i b) = t(b)$ pour $i \geqslant 2$, $u(d_i b) = d_{i-1} u(b)$ pour $i \geqslant 2$,

la troisième donne

(c) $\quad t(s_o b) = id$, $u(s_o b) = 0$

et la quatrième donne

(d) $t(s_i b) = t(b)$ pour $i \geqslant 1$, $u(s_i b) = s_{i-1}u(b)$ pour $i \geqslant 1$.

Les relations qui n'affectent que t seul, nous les avons déjà démontrées. Restent les relations où intervient u.

Pour la deuxième des relations (a), on constate que $u(d_o b) = -t(d_o b)f_{d_o b}(\rho d_o d_o b)$, et ceci, d'après (4'), est égal à $-t(d_o b)t(b)f_b(\rho d_o d_o b)-t(d_o b)(d_o u(b))$.

On a donc $u(d_o b) + t(d_o b)(d_o u(b)) = -t(d_1 b)f_b(\rho d_o d_o b)$; or ceci est égal à $u(d_1 b)$, car

$u(d_1 b) = -t(d_1 b)f_{d_1 b}(\rho d_o d_1 b) = t(d_1 b)f_b(\rho d_o d_1 b)$, et $d_o d_1 b = d_o d_o b$.

Passons à la vérification de la deuxième relation (b) : pour $i \geqslant 2$, on a

$u(d_i b) = -t(d_i b)f_{d_i b}(\rho d_o d_i b) = -t(b)f_b(\rho d_{i-1} d_o b)$, et comme ρ et f_b commutent à d_{i-1}, ceci est égal à

$$-t(b)d_{i-1} f_b(\rho d_o b) = d_{i-1}u(b).$$

Passons à la vérification de la deuxième relation (c) :

$u(s_o b) = -t(s_o b)f_{s_o b}(\rho d_o s_o b) = -f_{s_o b}(\rho b) = -f_b(\rho b)$, et ceci est nul d'après la définition de f_b.

Reste enfin à vérifier la deuxième relation (d) : pour $i \geqslant 1$, on a $u(s_i b) = -t(s_i b)f_{s_i b}(\rho d_o s_i b) = -t(b)f_b(\rho s_{i-1} d_o b) =$

$$= -t(b)s_{i-1}f_b(\rho d_o b) = s_{i-1}u(b).$$

La démonstration du théorème III-4 est ainsi achevée.

<u>Première classe d'obstruction d'un fibré.</u>

Dans la démonstration du théorème III-4, prenons un autre relèvement ρ'. Alors on construit (on reprend les notations de cette démonstration) des applications $f'_b : X_b \to K(\pi,n)$ telles que si $\sigma'_b : (\Delta_q) \to X_b$ est déterminé par $\rho'(b)$, f'_b s'annule sur l'image de σ'_b. D'après le lemme III-4, on a

$$f'_b(y) = f_b(y) - f_b(\sigma'(p(y))) \text{ pour } y \in X_b.$$

Soit u' la B-fonction tordante déterminée par ρ'. Pour tout (n+1)-simplexe b de B, on a

$$u'(b) - u(b) = -t(b)(f'_b(\rho'(d_o b)) - f_b(\rho(d_o b)))$$
$$= -t(b)(f_b(\rho'(d_o b)) - f_b(d_o\rho'(b)) - f_b(\rho(d_o b)))$$

Comme $f_b(\rho(b)) \in K(\pi,n)_{n+1}$, on a

$$-f_b(d_o\rho'(b)) = \sum_{i>0} (-1)^i f_b(d_i\rho'(b)) = \sum_{i>0} (-1)^i f_{d_ib}(\rho'(d_ib))$$

D'après le lemme III-4 on a également

$$t(b)(f_b(\rho'(d_ob)) - f_b(\rho(d_ob))) = f_{d_ob}(\rho'(d_ob)).$$ On en déduit

$$u'(b) - u(b) = -f_{d_ob}(\rho'(d_ob)) - t(b)\left(\sum_{i>0} (-1)^i f_{d_ib}(\rho'(d_ib))\right) = (d_tc)(b)$$

où on a posé $c(b) = -t(s_1b)f_b(\rho'(b))$ pour $b \in B_n$. Les cocycles définis par u et u' sont donc dans la même classe $\xi \in H_t^{n+1}(B,\pi)$.

Définition III-5.

Soit $X \to B$ un fibré dont le (n-1)-squelette de X se projette bijectivement sur le (n-1)-squelette de B. Soit π un groupe abélien isomorphe au π_n des fibres.

On appelle première classe d'obstruction du fibré $X \to B$ la classe

$$\xi \in H_t^{n+1}(B,\pi)$$

définie par le cocycle u.

Remarque III-4.

On peut préciser le théorème III-4 en remarquant que le produit tordu $K(\pi,n) \times_\tau B$ $(\tau=(t,u))$, dont l'existence est assurée par ce théorème, vérifie :

i) La classe dans $H^1(B,\text{Aut }\pi)$ de la fonction tordante $t : B \to \text{Aut }\pi$ (qui définit le fibré structural de ce produit tordu) est la n^e classe caractéristique de p (et de $K(\pi,n) \times_\tau B$).

ii) La classe dans $H_t^{n+1}(B,\pi)$ de la B-fonction tordante $u : B \to K(\pi,n) \times_t B$ (qui définit $K(\pi,n) \times_\tau B$ en tant que fibré B-principal de fibré structural $K(\pi,n) \times_t B$) est la première classe d'obstruction de p (et de $K(\pi,n) \times_\tau b$).

Théorème III-5.

Soit $p : X \to B$ un fibré de Kan tel que p induise une bijection du (n-1)-squelette de X sur le (n-1)-squelette de B, $(n > 0)$. Soit $\tau = (t,u) : B \to D(K(\pi,n))$ une fonction tordante $(t : B \to \text{Aut }\pi$, $u : B \to K(\pi,n))$ ce qui définit un produit tordu $K(\pi,n) \times_\tau B$. Soient f, g deux B-morphismes de X dans $K(\pi,n) \times_\tau B$. Alors si f et g induisent pour chaque fibre de X le même homomorphisme du π_n de cette fibre dans

π, il existe une section σ: $B \to K(\pi,n)\times_t B$ telle que, pour tout $x \in X$,

$$f(x) = g(x) + \sigma(p(x))$$

(+ désigne l'opération à droite de $K(\pi,n)\times_t B$ sur $K(\pi,n)\times_\tau B$).
N.B. Si B est connexe il suffit de poser cette condition pour le π_n d'une seule fibre.

Démonstration.

Pour montrer le N.B. il suffit de remplacer $K(\pi,n)\times(\Delta_1)$ par $K(\pi,n)\times_{\tau_1}(\Delta_1)$ ($\tau_1 = \tau \circ b$ avec $b : (\Delta_1) \to B$) dans le début de la démonstration du lemme III-4 (g est alors un (Δ_1)-morphisme).

Reprenons les notations de la démonstration du théorème III-4. Pour chaque simplexe $b : (\Delta_q) \to B$, f et g induisent

$$f_b : X_b \to K(\pi,n) \qquad g_b : X_b \to K(\pi,n).$$

Par hypothèse f_b et g_b coïncident sur X_{b_0}. Soit $\rho : B \to X$ un relèvement. Notons $\sigma_b : (\Delta_q) \to X_b$ la section définie par $\rho(b)$. D'après le lemme III-4 les applications

$$y \to f_b(y) - f_b(\sigma(p(y))) \qquad y \to g_b(y) - g_b(\sigma(p(y)))$$

sont égales. En particulier, pour tout y tel que $p(y) = b$, on a

(5) $\quad f_b(y) - g_b(y) = f_b(\rho(b)) - g_b(\rho(b)).$

Posons pour $b \in B$

$$a(b) = f_b(\rho(b)) - g_b(\rho(b)).$$

Le théorème sera démontré si on vérifie que $b \to (a(b),b)$ est une section de $K(\pi,n)\times_t B$ c'est-à-dire si on a $a(d_o b) = t(b)d_o a(b)$. (Les compatibilités avec les autres opérations simpliciales étant évidentes).
D'après (5), on a

$$a(d_o b) = f_{d_o b}(d_o(\rho(b))) - g_{d_o b}(d_o(\rho(b)))$$

et d'après (3')

$$a(d_o b) = t(b)(f_b(d_o(\rho(b))) - g_b(d_o(\rho(b)))$$

$$= t(b)d_o(a(b))$$

4. Fibrés en groupes dont les fibres sont de type $K(\pi,n)$.

Soit $p : X \to B$ un fibré admettant une section donnée σ. Supposons que le (n-1)-squelette de X (n>0) soit contenu dans l'image de σ. La projection p induit alors une bijection du (n-1)-squelette de X sur le (n-1)-squelette de B, et on peut appliquer les résultats du paragraphe précédent.

En particulier dans la démonstration du théorème III-4, on peut prendre $\rho = \sigma$. La fonction u est alors nulle. On déduit le théorème suivant.

<u>Théorème</u> III-6.

Soit $p : X \to B$ un fibré muni d'une section $\sigma : B \to X$ et soit un entier $n > 0$. Dans chaque fibre, on prend comme point-base le point qui est dans l'image de la section σ, et on suppose que le n^e groupe d'homotopie de chaque fibre est isomorphe à un groupe abélien π. On suppose en outre que le (n-1)-squelette de X est dans l'image de la section σ. Alors il existe une fonction tordante

$$t : B \to \mathrm{Aut}\ \pi$$

et un B-morphisme $g : X \to K(\pi,n)\times_t B$ qui envoie la section σ dans la section nulle et induit, sur chaque fibre, un isomorphisme de leur n^e groupe d'homotopie.

Remarquons que si les fibres de p ont le type d'homotopie de $K(\pi,n)$, g est alors une B-équivalence faible d'homotopie (c'est-à-dire induit un isomorphisme des suites exactes d'homotopie). On a donc

<u>Corollaire</u>.

Avec les hypothèses du théorème III-6, et si en plus les fibres de p sont de type $K(\pi,n)$, g est une B-équivalence d'homotopie.

Le théorème III-5 induit immédiatement le théorème suivant.

<u>Théorème</u> III-7.

Soit $p : X \to B$ un fibré muni d'une section $\sigma : B \to X$. Supposons que le (n-1)-squelette de X soit dans l'image de σ.
Soit d'autre part un groupe abélien π, et $t : B \to \mathrm{Aut}\ \pi$ une fonction tordante.
Soient g_1 et g_2 deux B-morphismes de X dans $K(\pi,n)\times_t B$ qui envoient la section σ dans la section nulle. Alors, si g_1 et g_2 induisent, pour chaque fibre de X, le même homomorphisme du groupe d'homotopie π_n de cette fibre dans π, on a

$$g_1 = g_2$$

Remarquons que si B est connexe il suffit de poser cette condition pour le π_n d'une seule fibre.

En corollaire généralisons le théorème III-1. Les hypothèses sont les mêmes que celles du théorème III-7. On définit un morphisme injectif de groupes simpliciaux

$$i : \Gamma(K(\pi,n)\times_t B) \to S_B(p,K(\pi,n)\times_t B)$$

en associant à une section $s : B \to K(\pi,n)\times_t B$ le B-morphisme $X \to K(\pi,n)\times_t B$ à valeur dans l'image de s. On définit une projection

$$\lambda : S_B(p,K(\pi,n)\times_t B) \to \Gamma(K(\pi,n)\times_{t_B})$$

par composition avec σ. Choisissons un point-base $b_o \in B$ et notons X_{b_o} la fibre de p au-dessus de b_o et $\pi_n = \pi_n(X_{b_o},\sigma(b_o))$. Désignons par $j(f) \in \mathrm{Hom}(\pi_n,\pi)$ l'homomorphisme induit par la restriction à X_{b_o} du B-morphisme $f : X \to K(\pi,n)\times_t B$.

Le groupe fondamental $\pi_1(B) = \pi_1(B,b_o)$ opère naturellement sur π_n et sur π, d'ou une opération de $\pi_1(B)$ sur $\mathrm{Hom}(\pi_n,\pi)$ (cf III-12). On désigne par $\mathrm{Hom}(\pi_n,\pi)_{\pi_1(B)}$ le sous-groupe des éléments de $\mathrm{Hom}(\pi_n,\pi)$ invariants par cette opération.

Corollaire. (Structure de $S_B(p,K(\pi,n)\times_t B)$ pour $n > 0$, π abélien et $t : B \to \mathrm{Aut}\ \pi$).

On a une suite exacte scindée de groupes simpliciaux abéliens

$$0 \to \Gamma(K(\pi,n)\times_t B) \underset{\lambda}{\overset{i}{\rightleftarrows}} S_B(p,K(\pi,n)\times_t B) \xrightarrow{j} \mathrm{Hom}(\pi_n,\pi)_{\pi_1(B)} \to 0.$$

Démonstration.

Le théorème III-7 donne l'exactitude en (i,j) (pour l'exactitude de la suite au niveau des groupes formés par les q-simplexes on remplace B par $B \times (\Delta_q)$).

Montrons que j est à valeurs dans $\mathrm{Hom}(\pi_n,\pi)_{\pi_1(B)}$. Soit $t_n : B \to \mathrm{Aut}\ \pi_n$ une fonction tordante représentant la n^e classe caractéristique de p. Considérons un B-morphisme $f : X \to K(\pi,n)\times_t B$ induisant $u_0 : \pi_n \to \pi$. Soit $b \in B_1$ tel que $d_1 b = b_o$. Posons $b_1 = d_0 b$. Le morphisme $u_1 : \pi_n(X_{b_1},\sigma(b_1)) \to \pi$ induit par f est donné par

$$u_1 = t(b) \circ u_0 \circ \theta(b)$$

(notations du 3, classes caractéristiques). Si $b_0 = b_1$ alors, $u_0 = u_1 = u$, et on a

$$j(f) = u \circ \tau(b_0)^{-1}$$
$$= t(b) \circ (u \circ \tau(b_0)^{-1}) \circ t_n(b)^{-1}.$$

C'est-à-dire que $j(f)$ est invariant par l'opération de $\pi_1(B)$.

Réciproquement, soit $v : \pi_n \to \pi$ invariant par l'opération de $\pi_1(B)$. Alors $v \circ \tau(b_0)^{-1}$ induit naturellement un B-morphisme

$$K(\pi_n,n)\times_{t_n} B \to K(\pi,n)\times_t B.$$

Composons le avec un B-morphisme $X \to K(\pi_n,n)\times_{t_n} B$ (induisant $\tau(b_0)$) dont l'existence est assurée par le théorème III-4. On obtient un B-morphisme

$$f : X \to K(\pi,n)\times_{t_n} B \to K(\pi,n)\times_t B \text{ tel que } j(f) = v.$$

<u>Remarques</u> III-5.

a) Le résultat général dont on ne se sert pas dans la suite, mais qui se démontre de manière analogue est le suivant : soit $p : X \to B$ un fibré, tel que p induise une bijection entre les $(n-1)$-squelettes et soit $\tau = (t,u) : B \to D(K(\pi,n))$ une fonction tordante. Notons comme ci-dessus π_n un groupe abélien isomorphe aux fibres de p, t_n un représentant de la n^e classe caractéristique de p et $\xi \in H^{n+1}_{t_n}(B,\pi_n)$ sa première classe d'obstruction. Désignons par $\eta \in H^{n+1}_t(B,\pi)$ la classe d'obstruction de $K(\pi,n)\times_\tau B$. Le groupe $\mathrm{Hom}(\pi_n,\pi)_{\pi_1(B)}$ est un sous-groupe des B-opérations cohomologiques de type (0,0) (proposition III-4). On a donc une opération

$$\mathrm{Hom}(\pi_n,\pi)_{\pi_1(B)} \times H^{n+1}_{t_n}(B,\pi_n) \to H^{n+1}_t(B,\pi)$$

Notons $\mathrm{Hom}(\pi_n,\pi)_{\pi_1(B),(\xi,\eta)}$ le sous-ensemble de $\mathrm{Hom}(\pi_n,\pi)_{\pi_1(B)}$ envoyant ξ sur η par cette opération. On a une "suite exacte" (cf. théorème III-5).

(1) $\quad 0 \to \Gamma(K(\pi,n)\times_t B) \to S_B(p,K(\pi,n)\times_\tau B) \to \mathrm{Hom}(\pi_n,\pi)_{\pi_1(B),(\xi,\eta)} \to 1$

où la première flèche représente l'opération du groupe simplicial

$\Gamma(K(\pi,n)\times_t B)$ sur $S_B(p,K(\pi,n)\times_\tau B)$, opération déduite de la structure de B-fibré principal de $K(\pi,n)\times_\tau B$.

b) Pour tout fibré $X \to B$ notons $D_B(X)$ le groupe simplicial des B-automorphismes de X. Alors en posant $X = K(\pi,n)\times_\tau B$ dans (1) on retrouve le résultat de G. Didierjean [5]. On a une suite exacte de groupe simpliciaux

$$0 \to \Gamma(K(\pi,n)\times_t B) \to D_B(K(\pi,n)\times_\tau B) \to \mathrm{Aut}\ \pi_{\pi_1(B),\xi} \to 1 .$$

On désigne par $\mathrm{Aut}\ \pi_{\pi_1(B),\xi}$ le sous groupe de $\mathrm{Aut}\ \pi_{\pi_1(B)}$ laissant ξ invariant.

Le théorème suivant généralise le lemme III-1.

Théorème III-8.

Soit $\mathcal{G} \to B$ un fibré en groupes dont le (n-1)-squelette (n > 0) est dans la section neutre. Soit d'autre part une fonction tordante $t : B \to \mathrm{Aut}\ \pi$ (ce qui définit un fibré en groupes $K(\pi,n)\times_t B$ de base B). Soit $g : \mathcal{G} \to K(\pi,n)\times_t B$, un B-morphisme qui envoie la section neutre dans la section nulle. Alors g est un morphisme de fibrés en groupes.

Démonstration.

Considérons le diagramme suivant :

$$\begin{array}{ccc} \mathcal{G}\times_B\mathcal{G} & \longrightarrow & \mathcal{G} \\ \big\downarrow g\times g & & \big| g \\ K((\pi\times\pi,n)\times_{(t,t)}B & \longrightarrow & K(\pi,n)\times_t B \end{array}$$

Pour montrer qu'il est commutatif, on constate que les deux flèches diagonales qu'il définit

$$\mathcal{G}\times_B\mathcal{G} \to K(\pi,n)\times_t B$$

définissent dans chaque fibre le même homomorphisme du groupe π_n, parce que g est multiplicative dans chaque fibre.

Pour les fibrés en groupes de fibre un groupe de type $K(\pi,n)$, les théorèmes précédents se résument dans le théorème suivant.

<u>Théorème</u> III-9

Soit $G \to \mathcal{G} \to B$ un fibré en groupes dont la fibre G au-dessus de $b_0 \in B$ connexe est de type $K(\pi,n)$, $n \geqslant 1$ ($\pi_n(G) = \pi$ est alors un groupe abélien). Supposons le (n-1)-squelette de $\mathcal{G}$ contenu dans l'image de la section neutre. Il existe une fonction tordante $t : B \to \operatorname{Aut} \pi$ et un B-morphisme (unique)

$$g : \mathcal{G} \to K(\pi,n) \times_t B$$

tel que g induise un isomorphisme donné de $\pi_n(G)$ sur π. De plus g est une B-équivalence d'homotopie, et un morphisme de fibrés en groupes. Le fonction tordante t est dans la classe déterminée par le n^e classe caractéristique de $\mathcal{G} \to B$.

Etudions maintenant rapidement le cas n = 0. Alors, π n'est pas forcément un groupe, et

$$D(\pi) = \Sigma\pi$$

où $\Sigma\pi$ est le groupe des permutations de π. Soit $X \to B$ un fibré dont le π_0 des fibres est en bijection avec un ensemble π. La construction faite plus haut (classes caractéristiques d'un fibré, 3) donne dans ce cas un 1-cocycle t à valeurs dans $\Sigma\pi$ (donc une classe dans $H^1(B,\Sigma\pi)$), et un B-morphisme

$$g : X \to \pi \times_t B.$$

On voit facilement que, si $X \to B$ admet une section, qu'on fixe un point-base dans π et qu'on prend pour $\tau(b_0) : \pi_0(X_{b_0}) \to \pi$ une application pointée (b_0 sommet de B), t est alors à valeurs dans le sous-groupe des permutations laissant fixe le point base.

Si de plus X est un fibré en groupes, π un groupe, et $\tau(b_0)$ un homomorphisme de groupes, t est à valeurs dans le groupe $\operatorname{Aut} \pi$ des automorphismes de π, et définit une classe dans $H^1(B, \operatorname{Aut} \pi)$. Le B-morphisme g est alors un morphisme de fibré en groupes.

Remarquons que, pour n = 0 et B connexe, on a dans tous les cas unicité d'un B-morphisme

$$X \to \pi \times_t B$$

induisant une application $\pi_0(X_{b_0}) \to \pi$ donnée.

5. Invariants d'un fibré en groupes.

Par décomposition de Postnikov, on associe classiquement à chaque ensemble simplicial une famille d'opérations cohomologiques de type (p, p+2), p variant de 0 à $+\infty$. qu'on appelle les invariants d'Eilenberg. Les résultats du paragraphe précédent nous permettent d'étendre la définition des invariants d'Eilenberg aux fibrés en groupes. Dans ce cas il s'agira de B-opération cohomologiques de type (p, p+2). En fait il est facile de voir que les constructions ci-dessous peuvent être faites pour tout fibré "pointé" par la donnée d'une section.

Notations.

Pour retrouver les notations habituelles de la décomposition de Postnikov d'un fibré, on notera E le fibré $\varphi: E \to B$ ce qui donnera par exemple, ΓE au lieu de $\Gamma\varphi$ et, si $\varphi' : E' \to B$ est également un fibré, $S_B(E,E')$ au lieu de $S_B(\varphi,\varphi')$.

a) Systèmes de Postnikov d'un fibré en groupes.

Soit $G \to \mathcal{G} \underset{e}{\overset{\varphi}{\rightleftarrows}} B$ un fibré en groupes et soit $\mathcal{H} \to B$ un sous-fibré en groupes de $\mathcal{G}$. On considère l'opération à droite de $\mathcal{H}$ sur $\mathcal{G}$ qui à $(g,h) \in \mathcal{G} \times_B \mathcal{H}$ associe $h^{-1}g$. On définit ainsi un B-fibré principal $\mathcal{H} \to \mathcal{G} \to \mathcal{G}/\mathcal{H}$. Dans la suite, pour tout sous-fibré en groupes $\mathcal{H}$ d'un fibré en groupes $\mathcal{G}$, c'est cette structure de B-fibré principal de fibré structural $\mathcal{H}$ et de base $\mathcal{G}/\mathcal{H}$ qui sera considérée.
Le fibré en groupes $\mathcal{H}$ est invariant dans $\mathcal{G}$ si pour tout $(g,h) \in \mathcal{G} \times_B \mathcal{H}$, l'élément $g\,h\,g^{-1} \in \mathcal{H}$. Remarquons que l'opération dans $\mathcal{G}$ induit une opération dans $\mathcal{G}/\mathcal{H}$ si, et seulement si, $\mathcal{H}$ est invariant dans $\mathcal{G}$.

Notons $\mathcal{G}_{(p)}$ le sous-ensemble simplicial formé des simplexes de $\mathcal{G}$ dont le (p-1)-squelette est contenu dans l'image de la section nulle.

Lemme III-5.

$\mathcal{G}_{(p)}$ est un sous-fibré en groupes invariant dans $\mathcal{G}$.

Démonstration.

Montrons d'abord que $\mathcal{G}_{(p)} \to B$ est un fibré.

Soient $x_o, \ldots, x_{k-1}, x_{k+1}, \ldots, x_{n+1}$, n+1 n-simplexes de $\mathcal{G}_{(p)}$ et b un (n+1)-simplexe de B tels que

$$d_i x_j = d_{j-1} x_i, \quad \varphi(x_i) = d_i b, \text{ pour } 0 \leqslant i < j \leqslant n+1 \text{ et } i, j \neq k.$$

Si $n \geqslant p$, $\mathcal{G} \to B$ étant un fibré, on sait qu'il existe un (n+1)-simplexe x de $\mathcal{G}$ tel que $d_i x = x_i$, et $\varphi(x) = b$. Le simplexe x est en fait un simplexe de $\mathcal{G}_{(p)}$ car si y est un simplexe du (p-1)-squelette de x, on peut trouver un $j \neq k$ tel que y soit un simplexe du (p-1)-squelette de $d_j x = x_j$. Le simplexe y est dont dans la section nulle. Si $n \leqslant p-1$, $x = e(b)$ est un simplexe de $\mathcal{G}_{(p)}$ relevant b.
Montrons que $\mathcal{G}_{(p)}$ est invariant dans $\mathcal{G}$. Pour $g \in \mathcal{G}$ et $h \in \mathcal{G}_{(p)}$ se projetant sur le même simplexe de B, un élément du (p-1)-squelette de $g\,h\,g^{-1}$ s'écrit $x\,y\,x^{-1}$ où x est dans le (p-1)-squelette de g et y dans le (p-1)-squelette de h. Donc y est dans l'image de la section nulle, et $x\,y\,x^{-1}$ également.

Pour tout $p \geqslant 0$ on a donc une suite exacte de fibré en groupes

$$B \to \mathcal{G}_{(p)} \to \mathcal{G} \to \mathcal{G}/\mathcal{G}_{(p)} \to B.$$

<u>Définition</u> III-6.

On appelle le fibré en groupes $\mathcal{G}/\mathcal{G}_{(p)} \to B$, p^e-<u>système de Postnikov</u> du fibré $\mathcal{G}$. On le note $\mathcal{G}^p \to B$ (c'est un fibré d'après la proposition II-1,b).

Remarquons que la fibre G^p du p^e-système de Postinikov de $\mathcal{G}$ est le p^e-système de Postnikov de la fibre G de $\mathcal{G}$. On a

$$\pi_i(G^p) = 0 \text{ si } i \geqslant p,$$

$$\pi_i(G) \to \pi_i(G^p) \text{ est un isomorphisme si } i < p.$$

<u>Application</u> : <u>Suite exacte de Gysin des sections d'un fibré en groupes.</u>

Considérons un fibré en groupes $G \to \mathcal{G} \to B$ dont les fibres admettent au plus deux groupes d'homotopie, $\pi_n(G) = \pi_n$, $\pi_p(G) = \pi_p$, avec $n < p$, qui sont peut-être non nuls. Dans la décomposition de Postnikov

(1) $$B \to \mathcal{G}_{(n+1)} \to \mathcal{G} \to \mathcal{G}^{n+1} \to B$$

$\mathcal{G}^{n+1}$ est de type $K(\pi_n, n) \times_{t_n} B$ et $\mathcal{G}_{(n+1)}$ est de type $K(\pi_p, p) \times_{t_p} B$ (pour $i = p, n$, la fonction tordante $t_i : B \to \mathrm{Aut}\,\pi_i$ est dans la classe déterminée par la i^e classe caractéristique de $\mathcal{G}$).

La suite exacte d'homotopie de la fibration des espaces de sections associés à (1) donne une longue suite exacte.

$$(2) \quad \ldots \to H^{p-m}_{t_p}(B,\pi_p) \to \pi_m(\Gamma\mathcal{G}) \to H^{n-m}_{t_n}(B,\pi_n) \to H^{p-m+1}_{t_p}(B,\pi_p) \to \ldots$$

$$\to H^{p}_{t_p}(B,\pi_p) \to \pi_0(\Gamma\mathcal{G}) \to H^{n}_{t_n}(B,\pi_n)$$

Remarquons que $W\mathcal{G}$ étant homotopiquement équivalent à B (Proposition II-5) l'opérateur bord de la suite exacte d'homotopie de la fibration

$$\Gamma\mathcal{G} \to \Gamma W\mathcal{G} \to \Gamma\overline{W}\mathcal{G}$$

définit, pour $i \geqslant 0$, des isomorphismes $\pi_{i+1}(\Gamma\overline{W}\mathcal{G}) \simeq \pi_i(\Gamma\mathcal{G})$. Si $\mathcal{G}$ est abélien, on peut donc prolonger (2) à droite au moyen de

$$\ldots \to H^{p+k}_{t_p}(B,\pi_p) \to \pi_0(\Gamma\overline{W}^k\mathcal{G}) \to H^{n+k}_{t_n}(B,\pi_n) \to H^{p+k+1}_{t_p}(B,\pi_p) \to \ldots$$

b) Invariants de Postnikov d'un fibré en groupes.

Pour $p < q$, en remplaçant $\mathcal{G}$ par $\mathcal{G}_{(p)}$ et $\mathcal{G}_{(p)}$ par $\mathcal{G}_{(q)}$, on obtient une suite exacte

$$B \to \mathcal{G}_{(q)} \to \mathcal{G}_{(p)} \to \mathcal{G}_{(p)}/\mathcal{G}_{(q)} \to B.$$

Notons $\mathcal{G}^q_p$ l'ensemble simplicial $\mathcal{G}_{(p)}/\mathcal{G}_{(q)}$ et G^p_q la fibre de $\mathcal{G}^p_q \to B$.

On a

$$\pi_i(G^q_p) = 0 \text{ si } i < p \text{ et } i \geqslant q,$$

$$\pi_i(G^q_p) \to \pi_i(G) \text{ est un isomorphisme si } p \leqslant i < q.$$

En particulier $\mathcal{G}^{p+1}_p$ est un fibré en groupes de fibre un espace de type $K(\pi_p(G),p)$, c'est donc un fibré en groupes de type $K(\pi_p(G),p)\times_{t_p} B$ où la fonction tordante $t_p : B \to \operatorname{Aut} \pi_p(G)$ est dans la classe déterminée par la p^e classe caractéristique de $\mathcal{G}$ (définition III-4). Plus généralement pour $p \leqslant q \leqslant r$, on a une suite exacte

$$(3) \qquad B \to \mathcal{G}^r_q \to \mathcal{G}^r_p \to \mathcal{G}^p_q \to B.$$

Avec le triplet $0 < q+1 < q+2$, on obtient le $(q+2)^e$-système de Postnikov de $\mathcal{G}$ comme B-fibré principal de base le $(q+1)^e$-système de Postnikov de $\mathcal{G}$ et de fibré structural un fibré en groupes de type $K(\pi_{q+1}(G),q+1)\times_{t_{q+1}} B$ qu'on considère comme opérant à droite sur $\mathcal{G}^{q+2}$.

$$B \to \mathcal{G}^{q+2}_{q+1} \to \mathcal{G}^{q+2} \to \mathcal{G}^{q+1} \to B.$$

Ce B-fibré principal est défini par une classe d'application

$$\mathcal{G}^{q+1} \to \overline{W}\mathcal{G}^{q+2}_{q+1}$$

envoyant la section nulle sur la section canonique de $\overline{W}\,\mathcal{G}^{q+2}_{q+1}$ (lemme II-3). Comme le fibré $\overline{W}\mathcal{G}^{q+2}_{q+1} \to B$ est de type $K(\pi_{q+1}(G),q+2)\times_{t_{q+1}} B$, la classe d'applications est un élément $\xi_q \in H^{q+2}_{t_{q+1}}(\mathcal{G}^{q+1}, \pi_{q+1}(G))$.

Définition III-7.

La classe $\xi_q \in H^{q+2}_{t_{q+1}}(\mathcal{G}^{q+1},\pi_{q+1}(G))$ est appelée le q^e invariant de Postnikov du fibré en groupes

$$G \to \mathcal{G} \to B.$$

c) Invariants d'Eilenberg d'un fibré en groupes.

Posons $q = p+1$, $r = p+2$, dans la suite exacte (3)

$$(4) \qquad B \to \mathcal{G}^{p+2}_{p+1} \to \mathcal{G}^{p+2}_{p} \to \mathcal{G}^{p+1}_{p} \to B$$

Comme $\mathcal{G}^{p+1}_p$ est de type $K(\pi_p(G),p)\times_{t_p} B$, le p^e invariant de Postnikov de $\mathcal{G}^{p+2}_p$ définit une B-opération cohomologique

$$\eta_p \in H^{p+2}_{t_{p+1}}(\pi_p(G),p,t_p,\pi_{p+1}(G))$$

Définition III-8.

La B-opération cohomologique $\eta_p \in H^{p+2}_{t_{p+1}}(\pi_p(G),p,t_p,\pi_{p+1}(G))$, définie par le p^e invariant de Postnikov de $\mathcal{G}^{p+2}_p$ est appelée p^e invariant d'Eilenberg de $\mathcal{G}$.

On voit facilement que

i) les invariants d'Eilenberg induisent ceux de la fibre G.

ii) les invariants d'Eilenberg sont en fait des B-opérations cohomologiques pointées (2°,c)

$$\eta_p \in H^{p+2}_{t_{p+1}}(\pi_p(G),p,t_p,\pi_{p+1}(G))_B$$

d) Additivité des invariants d'Eilenberg associés à un fibré en groupes.

Théorème III-10.

Si le B-fibré

(5) $$B \to \overline{W}\mathcal{G}^{p+2}_{p+1} \to \overline{W}\mathcal{G}^{p+2}_{q} \to \overline{W}\mathcal{G}^{p+1}_{P} \to B$$

(obtenue en appliquant le foncteur $\overline{W}$ à (4) est B-homotopiquement équivalent à un B-fibré principal de fibré structural $K(\pi_{p+1}(G),p+2)\times_{t_{p+1}} B$, le p^e invariant de Postnikov de $\mathcal{G}$ est une B-opération cohomologique additive.

Démonstration.

Par hypothèse (5) est définie par une classe dans $H^{p+3}_{t_{p+1}}(\pi_p(G),p+1,t_p,\pi_{p+1}(G))_B$ dont la suspension définit η_p qui est donc additif (2°,d).

Comme $\overline{W}\mathcal{G}^{p+1}_{q}$ est de type $K(\pi_p(G),p+1)\times_{t_p} B$, le corollaire 2 du théorème III-4 entraîne immédiatement :

Corollaire 1.

Pour $p > 0$, le p^e invariant d'Eilenberg d'un fibré en groupes $\mathcal{G}$ est une B-opération cohomologique additive (remarquons que si les fibres de $\mathcal{G}$ sont connexes, le 0e invariant d'Eilenberg de $\mathcal{G}$ est nul).

Si $\mathcal{G}$ est abélien, (5) est une suite exacte de fibrés en groupes abéliens, d'où :

Corollaire 2.

Si $\mathcal{G}$ est abélien le 0e invariant d'Eilenberg de $\mathcal{G}$ est également une B-opération cohomologique additive.

IV. HOMOTOPIE DE L'ESPACE DES SECTIONS D'UN FIBRE EN GROUPES

1) Suites spectrales non abéliennes limitées.

Contrairement aux suites exactes en homologie, les suites exactes en homotopie sont limitées à droite. De plus elles font intervenir des groupes non abéliens au degré 1 et des ensembles au degré 0. Ceci nous oblige à modifier la théorie classique des suites spectrales. Cette modification a été faite par Shih [18]. Nous allons donner ici une construction plus simple due à Cartan (non publiée).

Commençons par préciser les notions de suites exactes et de carrés commutatifs. On considère des objets qui sont des groupes, pas nécessairement abéliens, et des ensembles pointés. Une flèche entre deux groupes sera un homomorphisme de groupes. Une flèche d'un groupe G dans un ensemble pointé E désigne une opération de G sur E (c'est-à-dire un homomorphisme de G dans le groupe des bijections de E). Le noyau d'une telle flèche est le sous-groupe des $g \in G$ laissant invariant le point-base de E, et l'image est l'orbite du point-base sous l'action de G. Une flèche de l'ensemble pointé E dans l'ensemble pointé E' est une application envoyant le point-base de E sur celui de E'. On définit de manière évidente le noyau et l'image d'une telle flèche.

Une suite $G' \to G \to E$ (où G et G' sont des groupes, E un ensemble pointé) est exacte si l'image de $G' \to G$ est le noyau de $G \to E$.

Une suite $G \to E \to E'$, où E et E' sont des ensembles pointés, est exacte si la relation d'équivalence définie sur E par l'application $E \to E'$ est la même que celle définie par les opérations du groupe G.

Le composé

$$G \to G' \to E'$$

définit une opération de G sur E'. On dira qu'un diagramme

$$\begin{array}{ccc} G & \to & E \\ \downarrow & & \downarrow \\ G' & \to & E' \end{array}$$

est commutatif si la flèche $E \to E'$ est compatible avec les opérations de G sur E et sur E' définies par ce diagramme.

Exemple.

Soit $F \to X \to B$ un fibré, muni d'un point-base $x_o \in F$ (soit $b_o \in B$ sa projection). Les groupes d'homotopie de F, X, B sont pris au point-base. Les ensembles $\pi_0(F)$, $\pi_0(X)$, $\pi_0(B)$ sont pointés par la composante connexe du point-base. Alors la suite exacte d'homotopie est exacte jusqu'à la fin

$$\ldots \quad \pi_1(X) \to \pi_1(B) \to \pi_0(F) \to \pi_0(X) \to \pi_0(B).$$

Décrivons maintenant la situation abstraite donnant naissance à une suite spectrale non abélienne limitée.

(i) pour tout couple d'entiers (p,q) tels que $-\infty \leqslant p \leqslant q \leqslant +\infty$ et tout entier $n \geqslant 0$, on a un groupe $H_n(p,q)$, et en outre, pour $n = -1$, on a un ensemble pointé $H_{-1}(p,q)$. Le groupe (resp. l'ensemble) $H_n(p,q)$, $n \geqslant -1$, est "nul" lorsque $p = q$, où lorsque $q \leqslant 0$. Pour $p \leqslant 0 \leqslant q$, on a $H_n(p,q) = H_n(0,q)$. On pose $H_n(0,+\infty) = H_n$.

(ii) chaque fois que $p \leqslant p'$ et $q \leqslant q'$ (avec $p \leqslant q$ et $p' \leqslant q'$), on a une flèche $H_n(p',q') \to H_n(p,q)$, avec une condition de transitivité évidente lorsque $p \leqslant p' \leqslant p''$ et $q \leqslant q' \leqslant q''$. Si $p = p'$ et $q = q'$, $H_n(p,q) \to H_n(p,q)$ est l'application identique.

(iii) chaque fois que $p \leqslant q \leqslant r$, et $n \geqslant 0$, on a une flèche

$$\delta : H_n(p,q) \to H_{n-1}(q,r)$$

En particulier $H_0(p,q)$ opère dans l'ensemble pointé $H_{-1}(q,r)$.

Ces données satisfont aux axiomes suivants

(I) pour $p \leqslant p'$, $q \leqslant q'$, $r \leqslant r'$ (avec $p \leqslant q \leqslant r$, $p' \leqslant q' \leqslant r'$), et $n \geqslant 0$, le diagramme suivant est commutatif

$$\begin{array}{ccc} H_n(p',q') & \xrightarrow{\delta} & H_{n-1}(q',r') \\ \downarrow & & \downarrow \\ H_n(p,q) & \xrightarrow{\delta} & H_{n-1}(q,r) \end{array}$$

(II) la suite illimitée à gauche

$$\ldots H_r(q,r) \to H_n(p,r) \to H_n(p,q) \to H_{n-1}(q,r) \to \ldots$$

$$H_0(p,r) \to H_0(p,q) \to H_{-1}(q,r) \to H_{-1}(p,r) \to H_{-1}(p,q)$$

est exacte (on a supposé $p \leqslant q \leqslant r$).

Au cours de la construction de la suite spectrale nous appliquerons plusieurs fois le lemme suivant

<u>Lemme</u> IV-1.

Soit un diagramme commutatif

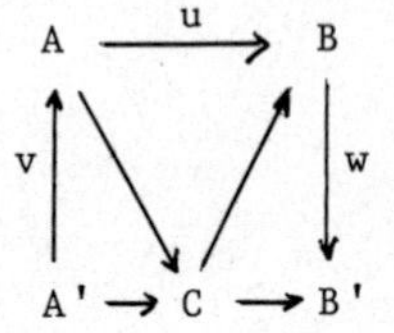

dont la deuxième ligne est exacte. Alors Im(u o v) est un sous-groupe invariant de Im u et w induit un isomorphisme du groupe quotient Im u/Im (u o v) sur le groupe Im (w o u).

<u>Démonstration</u>.

Pour prouver le lemme, il suffit de vérifier Im u $\cap$ Ker w = Im(u o v), car w applique Im u sur Im(w o u) et le noyau est Im u $\cap$ Ker w.

On a w o u o v = 0, donc Im(u o v) $\subset$ Im u $\cap$ Ker w. Il suffit donc de montrer que tout b $\in$ Im u tel que w(b) = 0 appartient à Im(u o v). Or soit b = u(a), a $\in$ A ; l'image de a dans C donne 0 dans B' puisque w(u(a)) = 0 ; donc il existe a' $\in$ A' qui a même image que a dans C, et a fortiori dans B, et par suite b $\in$ Im(u o v).

<u>Définition de la suite spectrale</u>.

On définit sur H_n une filtration décroissante en posant, pour $n \geqslant -1$:

$$\begin{aligned} F^pH_n &= \mathrm{Im}\ (H_n(p,+\infty) \to H_n) \\ &= \mathrm{Ker}\ (H_n \to H_n(0,p)). \end{aligned}$$

Pour $n \geqslant 0$, F^pH_n est un sous-groupe invariant du groupe H_n et le groupe $F^{p+1}H_n$ est un sous-groupe invariant de F^pH_n. On considère le groupe quotient

$$F^pH_n/F^{p+1}H_n.$$

<u>Définition de</u> E_r.

On définit, pour $1 \leqslant r \leqslant +\infty$,

$$E_r^{p,-n} = \mathrm{Im}\,(H_n(p,p+r) \to H_n(p-r+1,p+1)) \quad \text{pour } n \geqslant 0,$$

$$E_r^{p,1} = \mathrm{Im}(H_{-1}(p,p+1) \to (H_{-1}(p-r+1,p+1)).$$

On a donc en particulier

$$E_\infty^{p,-n} = \mathrm{Im}\,(H_n(p,\infty) \to H_n(0,p+1)) \quad \text{pour } n \geqslant 0,$$

$$E_\infty^{p,1} = \mathrm{Im}\,(H_{-1}(p,p+1) \to H_{-1}(0,p+1))$$

Pour $n \geqslant 0$, on a un isomorphisme $F^pH_n/F^{p+1}H_n \to E_\infty^{p,-n}$ qui est induit par le morphisme $H_n \to H_n(0,p+1)$.

Pour le voir il suffit d'appliquer le lemme IV-1 au diagramme

$$\begin{array}{ccccc}
H_n(p,\infty) & & \longrightarrow & & H_n \\
\uparrow & \searrow & & \nearrow & \downarrow \\
H_n(p+1,\infty) & \longrightarrow & H_n & \longrightarrow & H_n(0,p+1)
\end{array}$$

<u>Définition</u> de $d_r : E_r^{p,-n} \to E_r^{p+r,-n+1}$ <u>lorsque</u> $n \geqslant 0$.

Pour $n \geqslant 1$, d_r est un morphisme de groupes. On l'obtient en considérant le diagramme commutatif

$$\begin{array}{ccc}
H_n(p,p+r) & \xrightarrow{\;u\;} & H_n(p-r+1,p+1) \\
\downarrow & & \downarrow w \\
H_{n-1}(p+r,p+2r) & \xrightarrow{\;v\;} & H_{n-1}(p+1,p+r+1)
\end{array}$$

w induit un morphisme Im u $\to$ Im v, qui est par définition d_r.

Pour $n = 0$, on considère le diagramme commutatif

$$\begin{array}{ccc}
H_0(p,p+r) & \xrightarrow{\;u\;} & H_0(p-r+1,p+1) \\
\downarrow & & \downarrow w \\
H_{-1}(p+r,p+r+1) & \xrightarrow{\;v\;} & H_{-1}(p+1,p+r+1)
\end{array}$$

qui définit une opération du groupe $H_0(p,p+r)$ sur l'ensemble $H_{-1}(p+1,p+r+1)$ compatible avec l'application v. Donc w induit une opération de Im u sur Im v qui est par définition d_r.

Proposition IV-1.

Pour $n \geqslant 0$, l'image de

$$(3) \qquad d_r : E_r^{p-r,-n-1} \to E_r^{p,-n}$$

est un sous-groupe invariant du noyau de

$$(4) \qquad d_r : E_r^{p,-n} \to E_r^{p+r,-n+1}$$

(pour $n = 0$, ce noyau est le sous-groupe de $E_r^{p,0}$ formé des éléments laissant fixe le point-base de $E_r^{p+r,1}$). Le quotient de ce noyau par l'image de (3) est isomorphe à $E_{r+1}^{p,-n}$, l'isomorphisme étant induit par le morphisme

$$H_n(p-r+1,p+1) \to H_n(p-r,p+1).$$

Démonstration.

Appliquons une première fois le lemme IV-1 au diagramme commutatif

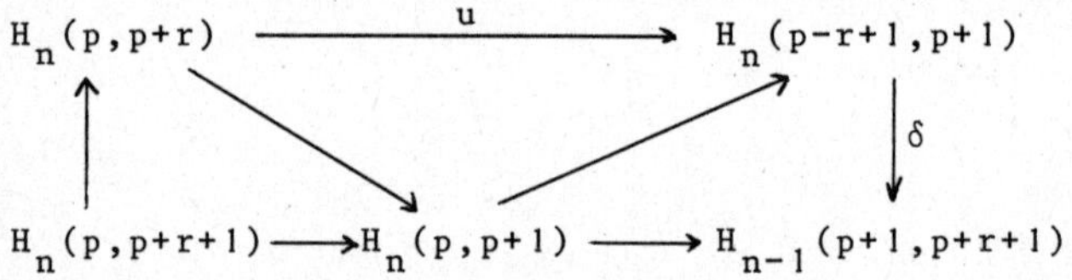

Alors Im u est $E_r^{p,-n}$, et Im u $\cap$ Ker δ est le noyau de (4). D'après (1), ce noyau est $\mathrm{Im}(H_n(p,p+r+1) \to H_n(p-r+1,p+1))$. Remarquons que cette démonstration est encore valable pour $n = 0$, le lemme IV-1 étant vrai si B' est un ensemble pointé, les flèches étant celles introduites au début.

Appliquons une deuxième fois le lemme IV-1 au diagramme commutatif

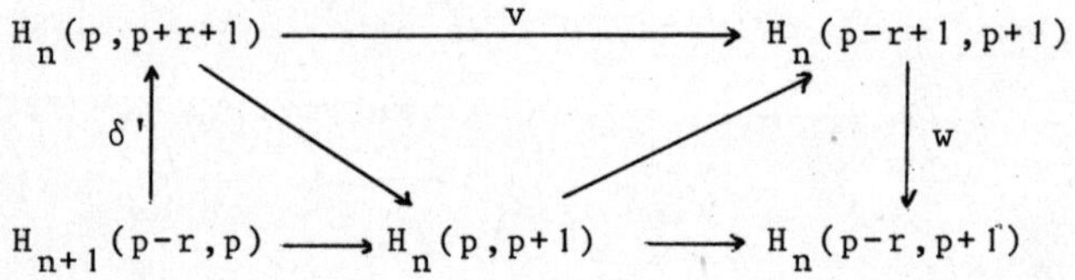

Alors Im v est le noyau de (4), comme on vient de le voir. De plus $\mathrm{Im}(v \circ \delta')$ est l'image de (3) et $\mathrm{Im}(w \circ v) = E_{r+1}^{p,-n}$. La deuxième partie du lemme donne la proposition IV-1.

<u>Proposition</u> IV-2.

Le conoyau de

$$d_r : E_r^{p-r,0} \to E_r^{p,1}$$

(quotient de l'ensemble $E_r^{p,1}$ par les opérations du groupe $E_r^{p-r,0}$) s'envoie bijectivement sur $E_{r+1}^{p,1}$, la bijection étant induite par l'application

$$H_{-1}(p-r+1,p+1) \to H_{-1}(p-r,p+1).$$

<u>Démonstration</u>.

Considérons le diagramme "commutatif"

$$\begin{array}{ccccc}
 & & H_0(p-2r+1,p-r+1) & \longrightarrow & H_{-1}(p-r+1,p+1) \\
 & \nearrow & & \nearrow u & \Big\downarrow w \\
H_0(p-r,p) & \longrightarrow & H_{-1}(p,p+1) & \xrightarrow{v} & H_{-1}(p-r,p+1)
\end{array}$$

dont la ligne du bas est exacte. Il définit une opération de $H_0(p-r,p)$ dans l'ensemble $H_{-1}(p-r+1,p+1)$, telle que u soit compatible avec les opérations du groupe $H_0(p-r,p)$. Dire que la ligne du bas est exacte signifie que la relation d'équivalence définie sur $H_{-1}(p,p+1)$ par l'application v est celle définie par les opérations du groupe $H_0(p-r,p)$. Donc le quotient de $E_r^{p,1}$ = Im u par les opérations de $H_0(p-r,p)$ est envoyé bijectivement par w sur Im v, qui n'est autre que $E_{r+1}^{p,1}$.

En résumé la construction précédente donne la proposition suivante.

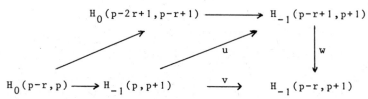

Proposition IV-3.

Avec les données $H_n(p,q)$ vérifiant i, ii, iii et satisfaisant aux systèmes d'axiomes I, II, on construit une E_1-suite spectrale non abélienne et "limitée" au degré total $-n \leqslant 1$ telle que

$$E_1^{p,-n} = H_n(p,p+1), \quad \text{si } p \geqslant 0,$$

et 0 sinon (les $E_1^{p,-n}$ sont donc des groupes pour $n \geqslant 0$ et des ensembles pointés pour $n = -1$).

Pour $n \geqslant 0$, la différentielle $d_1^{p,-n} : E_1^{p,-n} \to E_1^{p+1,-n+1}$ est donnée par

$$\delta : H_n(p,p+1) \to H_{n-1}(p+1,p+2)$$

($d_1^{p,-n}$ est un homomorphisme de groupes pour $n > 0$ et une opération de $E_1^{p,0}$ sur $E_1^{p+1,1}$ pour $n = 0$).

2. Suite spectrale de Shih d'un fibré en groupes.

Pour B ensemble simplicial et G groupe simplicial, Shih a associé une suite spectrale limitée au groupe gradué $\pi_m(S(B,G))$ [18]. Pour $G \to \mathcal{G} \to B$ fibré en groupes, nous allons associer au groupe gradué $\pi_m\Gamma(\mathcal{G})$(commutatif sauf, peut-être pour $m = 0$) une suite spectrale limitée. On appellera cette suite spectrale, la suite spectrale de Shih du fibré en groupes $\mathcal{G}$ car elle redonne, dans le cas du fibré en groupes trivial $\mathcal{G} = G \times B$, la suite spectrale donnée par Shih (si $\mathcal{G} = G \times B$, on a $\Gamma(\mathcal{G}) = S(B, \mathcal{G})$).

Rappelons les notations introduites dans III-5°. On désigne par $\mathcal{G}_{(p)}$ le sous-ensemble simplicial de $\mathcal{G}$ formé des simplexes de $\mathcal{G}$ dont le (p-1)-squelette est contenu dans l'image de la section nulle ($\mathcal{G}_{(p)} \to B$ est un fibré en groupes), et par $\mathcal{G}^p = \mathcal{G}/\mathcal{G}_{(p)}$ l'espace total du p^e système de Postnikov de $\mathcal{G}$ ($\mathcal{G}^p \to B$ est également un fibré en groupes).

Théorème IV-1.

Soit $G \to \mathcal{G} \to B$ un fibré en groupes (non nécessairement abélien). Il existe une E_1-suite spectrale "limitée" (cf. 1°) telle que, pour $n \geqslant -1$,

$$E_1^{p,-n} = H_{t_p}^{p-n}(B, \pi_p(G))$$

où $t_p : B \to \mathrm{Aut}\ \pi_p(G)$ est une fonction tordante dans la classe définie par la p^e classe caractéristique de $\mathcal{G}$ (cette classe est dans $H^1(B, \mathrm{Aut}\ \pi_p(G))$).

Si B est de dimension finie, pour $n \geqslant 0$, cette suite spectrale converge vers le bigradué associé à la filtration

$$F^p\pi_n(\Gamma \mathcal{G}) = \mathrm{Ker}\ (\pi_n(\Gamma \mathcal{G}) \to \pi_n(\Gamma \mathcal{G}^p)).$$

Remarques IV-1.

a) Les termes $E_1^{p,-n}$ sont des groupes abéliens sauf, peut-être, $E_1^{0,0} = H_{t_0}^0(B, \pi_0(G))$, qui est le sous-groupe de $\pi_0(G)$ invariant par l'opération de $\pi_1(B)$, et $E_1^{0,1} = H_{t_0}^1(B, \pi_0(G)) = \pi_0(\Gamma(K(\pi_0(G),1) \times_{t_0} B))$ qui est un ensemble pointé.

b) Le groupe bigradué $F^p\pi_n(\Gamma \mathcal{G})/F^{p+1}\pi_n(\Gamma \mathcal{G})$ est commutatif sauf, peut-être, pour le degré total $n = 0$.

Démonstration du théorème IV-1.

a) Expression de $H_n(p,q)$.

Pour $-\infty \leqslant p \leqslant q \leqslant +\infty$, on note

$$\mathcal{G}_p^q = \mathcal{G}_{(p)} / \mathcal{G}_{(q)}$$

en convenant que $\mathcal{G}_p^\infty = \mathcal{G}_{(p)}$ et que $\mathcal{G}_{(p)} = \mathcal{G}$ si $-\infty \leqslant p \leqslant 0$. L'ensemble simplicial $\Gamma W \mathcal{G}_p^q$ étant contractile (proposition II-5), pour tout $n \geqslant 0$, l'opérateur bord de la suite exacte d'homotopie de la fibration

$$\Gamma \mathcal{G}_p^q \to \Gamma W \mathcal{G}_p^q \to \Gamma \overline{W} \mathcal{G}_p^q$$

induit un isomorphisme $\pi_{n+1}(\Gamma \overline{W} \mathcal{G}_p^q) \simeq \pi_n(\Gamma \mathcal{G}_p^q)$.

Posons pour $n \geqslant -1$

$$H_n(p,q) = \pi_{n+1}(\Gamma \overline{W} \mathcal{G}_p^q).$$

$H_n(p,q)$ est un groupe pour $n \geqslant 0$, commutatif pour $n > 0$, et un ensemble pointé pour n = -1. Pour $n \geqslant 0$, on a évidemment $H_n = \pi_n(\Gamma\mathcal{G})$

Pour $-\infty \leqslant p \leqslant q \leqslant r \leqslant +\infty$, on a une suite exacte de fibré en groupes

$$B \to \mathcal{G}_q^r \to \mathcal{G}_p^r \to \mathcal{G}_p^q \to B.$$

En appliquant le foncteur $\Gamma\overline{W}$, on obtient une fibration

$$(1) \qquad \Gamma\overline{W}\mathcal{G}_q^r \to \Gamma\overline{W}\mathcal{G}_p^r \to \Gamma\overline{W}\mathcal{G}_p^q$$

dont la suite exacte d'homotopie s'écrit

$$\ldots \to H_n(q,r) \to H_n(p,r) \to H_n(p,q) \to H_{n-1}(q,r) \to \ldots$$
$$\to H_0(p,q) \to H_{-1}(q,r) \to H_{-1}(p,r) \to H_{-1}(p,q).$$

les données $H_n(p,q)$ satisfont aux hypothèses i, ii et iii et elles vérifient le système d'axiomes I, II du 1° (les morphismes δ de iii sont définis par les opérateurs bords des suites exactes d'homotopie des fibrations (1)).

b) Calcul de $E_1^{p,-n}$

Pour $p \geqslant 0$, on note π_p pour $\pi_p(G)$. D'après le théorème III-9, on a une B-équivalence d'homotopie

$$\mathcal{G}_p^{p+1} \sim K(\pi_p,p) \times_{t_p} B$$

réalisée par un morphisme de fibré en groupes. Cette équivalence détermine des isomorphismes de groupes

$$E_1^{p,-n} = H_n(p,p+1) \simeq \pi_n(\Gamma\mathcal{G}_p^{p+1}) \simeq H_{t_p}^{p-n}(B,\pi_p).$$

D'autre part, le corollaire du théorème III-6 donne les isomorphismes

$$E_1^{p,1} = H_{-1}(p,p+1) = \pi_0(\Gamma\overline{W}\mathcal{G}_p^{p+1}) \simeq H_{t_p}^{p+1}(B,\pi_p).$$

c) Convergence.

Il y a deux problèmes de convergence.

i) $E_\infty^{p,-n}$ est-il "limite" de $E_r^{p,-n}$ lorsque r tend vers l'infini ? Au passage remarquons que, d'après le diagramme commutatif

$$\begin{array}{ccc}
H_n(p,p+r) & \xrightarrow{u_r} & H_n(p-r+1,p+1) \\
\uparrow & & \downarrow \\
H_n(p,\infty) & \xrightarrow{\breve{u}_\infty} & H_n(0,p+1)
\end{array}$$

où $\mathrm{Im}\, u_r = E_r^{p,-n}$ et $\mathrm{Im}\, u_\infty = E_\infty^{p,-n}$. On a:

$$E_\infty^{p,-n} \subset E_r^{p,-n}$$

dès que $r \geq p + 1$.

ii) L'intersection des F^pH_n est-elle réduite à 0 ?

Montrons que pour B de dimension d, ces deux conditions sont satisfaites. Pour montrer i, remarquons que la différentielle $d_r : E_r^{p,-n} \to E_r^{p+r,-n+1}$ est nulle si $E_r^{p,-n} = 0$ ou $E_r^{p+r,-n+1} = 0$. Cette condition est évidemment vérifiée si :

$$E_1^{p,-n} \simeq H_{t_p}^{p-n}(B,\pi_p(G)) = 0 \text{ ou si } E_1^{p+r,-n+1} \simeq H_{t_{p+r}}^{p+r-n+1}(B,\pi_{p+r}(G)) = 0.$$

Supposons B de dimension d, alors d_r est nulle si chaque fois que $p-n \geq 0$, on a $p+r-n+1 \geq d+1$, ce qui est vérifié lorsque $r \geq d$.

Il reste à vérifier ii. Notons B_p le sous-ensemble simplicial de B engendré par les (p-1)-simplexes de B. Si B est de dimension d, on a $B = B_{d+1}$. La condition ii se déduit du lemme suivant.

<u>Lemme</u> IV-2.

Soit $\mathcal{G} \to B_q$ un fibré en groupes. Pour $n \geq 0$, on a :

$$\pi_n(\Gamma\,\mathcal{G}_{(k)}) = 0 \quad \text{pour } k \geq n+q,$$

$$\pi_0(\Gamma\overline{W}\,\mathcal{G}_{(k)}) = 0 \text{ pour } k \geq q-1.$$

Terminons la démonstration du théorème. Comme on a :

$$F^p\pi_n(\Gamma\mathcal{G}) = \mathrm{Im}(\pi_n(\Gamma\,\mathcal{G}_{(p)}) \longrightarrow \pi_n(\Gamma\mathcal{G})),$$

le lemme IV-2 montre que $F^p\pi_n(\Gamma\mathcal{G})$ est nul pour $p \geq n+d+1$, donc la condition ii est satisfaite.

<u>Démonstration du lemme</u> IV-2.

Démontrons d'abord le résultat suivant : pour $k \geq n+q$, tout k-simplexe de $B_q \times (\Delta_n)$ est dégénéré. Soit (b,d) un k-simplexe de $B_q \times (\Delta_n)$. Il existe un (q-1)-simplexe b' de B et un n-simplexe d' de (Δ_n) tel que

$$b = s_{i_{k-q+1}} s_{i_{k-q}} \cdots s_{i_1} b', \quad d = s_{j_{k-n}} s_{j_{k-n-1}} \cdots s_{j_1} d'$$

avec $0 \leq i_1 < \ldots < i_{k-q+1} \leq k-1$, $0 \leq j_1 < \ldots < j_{k-n} \leq k-1$. Comme

$$\mathrm{Card}\,\{i_\ell\} + \mathrm{Card}\,\{j_{\ell'}\} > \mathrm{Card}\,\{0,\ldots,k-1\} = k,$$

il existe deux entiers m, m', $1 \leq m \leq k-q+1$, $1 \leq m' \leq k-n$, tels que

$i_m = j_m$. Comme $s_{i_{m+1}} s_{i_m} = s_{i_m} s_{i_{m+1}-1}$, on voit par récurrence que l'on peut écrire :

$$b = s_{i_m} b''$$

où b" est un (k-1)-simplexe de B_q et de même $d = s_{j_m}, d''$, d" étant un (k-1)-simplexe de (Δ_n), ce qui montre que (b,d) est dégénéré.

Soient $e : B_q \to \mathcal{G}_{(k)}$ la section neutre et $s : B_q \times (\Delta_n) \to \mathcal{G}_{(k)}$ un n-simplexe de $\Gamma \mathcal{G}_{(k)}$. Pour $p \leq k-1$, tout p-simplexe $x \in B_q$ vérifie $e(x) = s(x)$. Pour $p \geq k \geq n+q$, et pour tout p-simplexe $x \in B_q$, il existe un (n+q-1)-simplexe $y \in B_q$ et un opérateur dégénérescence σ tel que $x = \sigma y$. On a alors

$$s(x) = \sigma s(y) = \sigma e(y) = e(x).$$

L'ensemble des n-simplexes de $\Gamma \mathcal{G}_{(k)}$ est donc réduit à e.

Pour montrer que $\pi_0(\Gamma \overline{W} \mathcal{G}_{(k)}) = 0$ pour $k \geq q-1$, observons que tout k-simplexe de $\overline{W}\mathcal{G}_{(k)}$ est dans l'image de la section canonique de $\overline{W}\mathcal{G}_{(k)}$. Une section quelconque $B_q \to \overline{W}\mathcal{G}_{(k)}$ étant déterminée par sa valeur sur les (q-1)-simplexes, coïncide, pour $k \geq q-1$, avec la section canonique de $\overline{W}\mathcal{G}_{(k)}$.

Remarque IV-2.

Si $F \to X \to B$ est un fibré, on généralise facilement le théorème IV-1 pour associer au groupe gradué $\pi_n(S_B(X, \mathcal{G}))$ une suite spectrale "limitée" $(n \geq -1)$ telle que

$$E_1^{p,-n} = H_{t_p}^{p-n}(X, \pi_p(G))$$

(pour la cohomologie, les notations sont celles du corollaire du théorème III-2).

Lorsque X est de dimension finie cette suite spectrale converge vers le bigradué associé à la filtration décroissante

$$F^p \pi_n(S_B(X, \mathcal{G})) = \text{Ker } (\pi_n(S_B(X, \mathcal{G})) \to \pi_n(S_B(X, \mathcal{G}^p))).$$

Application : suite exacte de Wang.

Soit $G \to \mathcal{G} \to S^n$ un fibré en groupes dont la base est la sphère de dimension $n \geqslant 2$. Les termes non nuls de la suite spectrale de Shih de $\mathcal{G}$ sont situés sur deux colonnes. Par la méthode classique, on obtient une suite exacte de Wang

$$\to \pi_k(\Gamma\mathcal{G}) \overset{j}{\to} \pi_K(G) \overset{d_{n-1}}{\to} \pi_{k+n-1}(G) \to \pi_{k-1}(\Gamma\mathcal{G}) \to$$

où d_{n-1} est défini par la $(n-1)^e$ différentielle de la suite spectrale de Shih de $\mathcal{G}$ et j est le morphisme induit par l'application $\Gamma\mathcal{G} \to G$ qui associe à chaque p-simplexe $\gamma : S^n \times (\Delta_p) \to \mathcal{G}$ le p-simplexe $(\Delta_p) \to G$ obtenu en composant γ avec l'application $(\Delta_p) \to S^n \times (\Delta_p)$ définie par le point-base de S^n.

3. Deuxième suite spectrale. Théorème de comparaison.

Notations.

On note B_q le sous-ensemble simplicial engendré par les $(q-1)$-simplexes de B. (Ne pas confondre avec la notation du I,1).

Pour tout fibré $E \to B$, et $A \subset B$, on désigne par $\Gamma_A E$ l'ensemble simplicial des sections de la restriction de E au-dessus de A. Si on se donne une section s de E au-dessus de A, on note $\Gamma_{B,A}E$ la fibre du fibré

$$\Gamma_B E \to \Gamma_A E$$

au-dessus de la section s. Pour $A' \subset A \subset B$, on a un fibré

$$\Gamma_{B,A}E \to \Gamma_{B,A'}E \to \Gamma_{A,A'}E.$$

Dans ce qui suit E sera un fibré en groupes $G \to \mathcal{G} \to B$, non nécessairement abélien (on prendra pour s la section neutre) où un fibré $\overline{W}\mathcal{G} \to B$ (et alors on prendra pour s la section "nulle"). Sur le groupe gradué $\pi_n(\Gamma_B\mathcal{G})$, on définit une deuxième filtration décroissante en posant

$$\overline{F}^p \pi_n(\Gamma_B\mathcal{G}) = \mathrm{Ker}(\pi_n(\Gamma_B\mathcal{G}) \to \pi_n(\Gamma_{B_p}\mathcal{G}))$$
$$= \mathrm{Im}(\pi_n(\Gamma_{B,B_q}\mathcal{G}) \to \pi_n(\Gamma_B\mathcal{G})).$$

Pour $-\infty \leqslant p \leqslant q \leqslant +\infty$, et pour $n \geqslant -1$, on pose

$$\overline{H}_n(p,q) = \pi_{n+1}(\Gamma_{B_q,B_p}\overline{W}\mathcal{G}) \simeq \pi_n(\Gamma_{B_q,B_p}\mathcal{G}) \text{ si } n \geqslant 0.$$

Pour $p \leqslant p'$, $q \leqslant q'$, avec $p \leqslant q$, $p' \leqslant q'$, on a un morphisme naturel

$$\overline{H}_n(p',q') \to \overline{H}_n(p,q).$$

Chaque fois que $p \leqslant q \leqslant r$, on a une suite exacte

$$(1) \qquad \to \overline{H}_n(q,r) \to \overline{H}_n(p,r) \to \overline{H}_n(p,q) \to \overline{H}_{n-1}(q,r) \to \dots$$
$$\to \overline{H}_0(p,q) \to \overline{H}_{-1}(q,r) \to \overline{H}_{-1}(p,r) \to \overline{H}_{-1}(p,q)$$

qui est la suite exacte d'homotopie du fibré

$$\Gamma_{B_r,B_q}\overline{W}\mathcal{G} \to \Gamma_{B_r,B_p}\overline{W}\mathcal{G} \to \Gamma_{B_q,B_p}\overline{W}\mathcal{G}.$$

Pour le groupe gradué $\pi_n(\Gamma_B\mathcal{G})$, on vient d'introduire un deuxième système de données, $\overline{H}_n(p,q)$, qui vérifient i, ii, iii et qui satisfont au système d'axiomes I, II du 1°. Remarquons que $\overline{F}^*$ est la filtration définie sur $\pi_n(\Gamma_B\mathcal{G})$ par les données $\overline{H}_n(p,q)$ et que pour la suite spectrale associée, on a, pour $n \geqslant 1$,

$$E_1^{p,-n} = \pi_{n+1}(\Gamma_{B_{p+1},B_p}\overline{W}\mathcal{G})$$

donc pour $n \geqslant 0$, $E_1^{p,-n} \simeq \pi_n(\Gamma_{B_{p+1},B_p}\mathcal{G})$.

On note $E_r^{p,-n}$ et d_r les termes de la suite spectrale définie par les données $H_n(p,q)$ et $\overline{E}_r^{p,-n}$ et $\overline{d}_r$ les termes de la suite spectrale définie par les données $\overline{H}_n(p,q)$. Les filtrations associées, F et $\overline{F}$, définies par

$$F^p\,\pi_n(\Gamma_B\mathcal{G}) = \mathrm{Im}(\pi_n(\Gamma_B\mathcal{G}_{(p)}) \to \pi_n(\Gamma_B\mathcal{G}))$$
$$\overline{F}^p\,\pi_n(\Gamma_B\mathcal{G}) = \mathrm{Im}(\pi_n(\Gamma_{B,B_p}\mathcal{G}) \to \pi_n(\Gamma_B\mathcal{G}))$$

ne sont pas égales. L'inclusion $\Gamma_{B,B_p}\mathcal{G} \subset \Gamma_B\,\mathcal{G}_{(p)}$ donne

$$\overline{F}^p\,\pi_n(\Gamma_B\mathcal{G}) \subset F^p\,\pi_n(\Gamma_B\mathcal{G})$$

et le lemme IV-2 permet seulement d'affirmer que

$$F^{n+p}\,\pi_n(\Gamma_B\mathcal{G}) \subset \overline{F}^p\,\pi_n(\Gamma_B\mathcal{G}).$$

Cette dernière inclusion induit un morphisme

$$\psi_\infty : E_\infty^{p+n,-n} \to \overline{E}_\infty^{p,-n}$$

des bigradués associés aux filtrations F et $\overline{F}$. On montrera que ψ_∞ est un isomorphisme. Plus généralement, pour $2 \leqslant r \leqslant +\infty$, et $n \geqslant 0$, on va définir des isomorphismes

$$\psi_r : E_{r-1}^{p+n,-n} \rightarrow \overline{E}_r^{p,-n}$$

dont les propriétés seront données par le théorème IV-2.

<u>Définition de</u> ψ_r.

Rappelons que pour $r \geqslant 1$ et $n \geqslant 0$, on a

$$E_r^{p,-n} = \mathrm{Im}(\pi_n(\Gamma_B \mathcal{G}_p^{p+r}) \rightarrow \pi_n(\Gamma_B \mathcal{G}_{p-r+1}^{p+1}))$$

$$\overline{E}_r^{p,-n} = \mathrm{Im}(\pi_n(\Gamma_{B_{p+r},B_p} \mathcal{G}) \rightarrow \pi_n(\Gamma_{B_{p+1},B_{p-r+1}} \mathcal{G})).$$

On définit ψ_r à l'aide du diagramme commutatif (D_1). Les propriétés d'injectivité, de surjectivité ou de bijectivité des flèches verticales de (D_1) se déduisent immédiatement de la proposition IV-4 énoncée plus loin. Du diagramme (D_1) résulte le diagramme commutatif (D_2). De ce deuxième diagramme on déduit une bijection de Im f sur Im $\overline{f}$, c'est-à-dire de $E_{r-1}^{p+n,-n}$ sur $\overline{E}_r^{p,-n}$. On a une démonstration analogue pour $r = +\infty$ en remplaçant (D_1) par (D_3).

(D_1)

$$\begin{array}{ccc}
\pi_n(\Gamma_B \mathcal{G}_{p+n}^{p+n+r-1}) & \longrightarrow & \pi_n(\Gamma_B \mathcal{G}_{p+n-r+2}^{p+n+1}) \\
\delta \downarrow \simeq & & \delta' \downarrow \text{injectif} \\
\pi_n(\Gamma_{B_{p+r}} \mathcal{G}_{p+n}^{p+n+r-1}) & \longrightarrow & \pi_n(\Gamma_{B_{p+1}} \mathcal{G}_{p+n-r+2}^{p+n+1}) \\
\gamma \uparrow \text{surjectif} & & \gamma' \uparrow \simeq \\
\pi_n(\Gamma_{B_{p+r},B_p} \mathcal{G}_{p+n}^{p+n+r-1}) & \longrightarrow & \pi_n(\Gamma_{B_{p+1},B_{p-r+1}} \mathcal{G}_{p+n-r+2}^{p+n+1}) \\
\beta \downarrow & & \beta' \downarrow \text{injectif} \\
\pi_n(\Gamma_{B_{p+r},B_p} \mathcal{G}^{p+n+r-1}) & \longrightarrow & \pi_n(\Gamma_{B_{p+1},B_{p-r+1}} \mathcal{G}^{p+n+1}) \\
\alpha \uparrow \text{surjectif} & & \alpha' \uparrow \simeq \\
\pi_n(\Gamma_{B_{p+r},B_p} \mathcal{G}) & \longrightarrow & \pi_n(\Gamma_{B_{p+1},B_{p-r+1}} \mathcal{G})
\end{array}$$

$$(D_2)\qquad \begin{array}{ccc}
\pi_n(\Gamma_B \mathfrak{g}^{p+n+r-1}_{p+n}) & \xrightarrow{\ f\ } & \pi_n(\Gamma_B \mathfrak{g}^{p+n+1}_{p+n-r+2}) \\
\Big\uparrow \text{surjectif} & & u \Big\downarrow \text{injectif} \\
\pi_n(\Gamma_{B_{p+r},B_p} \mathfrak{g}) & \xrightarrow{\ \overline{f}\ } & \pi_n(\Gamma_{B_{p+1},B_{p-r+1}} \mathfrak{g})
\end{array}$$

$$(D_3)\qquad \begin{array}{ccc}
\pi_n(\Gamma_B \mathfrak{g}_{(p+n)}) & \xrightarrow{\ f\ } & \pi_n(\Gamma_B \mathfrak{g}^{p+n+1}) \\
\Big\uparrow \text{surjectif} & & \Big\downarrow \text{injectif} \\
\pi_n(\Gamma_{B,B_p} \mathfrak{g}_{(p+n)}) & \longrightarrow & \pi_n(\Gamma_{B_{p+1}} \mathfrak{g}^{p+n+1}) \\
\Big\downarrow \simeq & & \Big\uparrow \simeq \\
\pi_n(\Gamma_{B,B_p} \mathfrak{g}) & \xrightarrow{\ \overline{f}\ } & \pi_n(\Gamma_{B_{p+1}} \mathfrak{g})
\end{array}$$

Les isomorphismes ψ_r vérifient:

Théorème IV-2.

Pour $2 \leqslant r \leqslant +\infty$, et pour $n \geqslant 0$, les isomorphismes

$$\psi_r : E^{p+n,-n}_{r-1} \to \overline{E}^{p,-n}_r$$

sont compatibles avec les différentielles $\overline{d}_r$ et d_{r-1}, et ψ_{r+1} se déduit de ψ_r par passage à l'homologie (en particulier pour $r = +\infty$, on a un isomorphisme $\psi_\infty : E^{p+n,-n}_\infty \to \overline{E}^{p,-n}_\infty$ des bigradués associés aux filtrations F et $\overline{F}$).

Démonstration.

a) Compatibilité de ψ_r avec les différentielles.

Rappelons que $d_{r-1} : E^{p+n,-n}_{r-1} \to E^{p+n+r-1,-n+1}_{r-1}$ est induit par

$$\partial : \pi_n(\Gamma_B \mathfrak{g}^{p+n+1}_{p+n-r+2}) \to \pi_{n-1}(\Gamma_B \mathfrak{g}^{p+n+r}_{p+n+1})$$

et que $\overline{d}_r = \overline{E}^{p,-n}_r \to \overline{E}^{p+r,-n+1}_r$ est induit par

$$\overline{\partial} : \pi_n(\Gamma_{B_{p+1},B_{p-r+1}} \mathfrak{g}) \to \pi_{n-1}(\Gamma_{B_{p+r+1},B_{p+1}} \mathfrak{g}).$$

Pour prouver la compatibilité de ψ_r (qui est induit par u et $\tilde{u}$) avec

d_r et d_{r-1}, il suffit de prouver la commutativité du diagramme.

$$(D_4)\qquad \begin{array}{ccc} \pi_n(\Gamma_B \mathcal{G}^{p+n+1}_{p+n-r+2}) & \xrightarrow{\ \partial\ } & \pi_{n-1}(\Gamma_B \mathcal{G}^{p+n+r}_{p+n+1}) \\ \Big\downarrow u & & \Big\downarrow \tilde{u} \\ \pi_n(\Gamma_{B_{p+1},B_{p-r+1}} \mathcal{G}) & \xrightarrow{\ \bar{\partial}\ } & \pi_{n-1}(\Gamma_{B_{p+r+1},B_{p+1}} \mathcal{G}) \end{array}$$

où u est le morphisme figurant dans le diagramme (D_2) et $\tilde{u}$ le morphisme analogue obtenu en remplaçant n par $n-1$ et p par $p+r$.

Soit Z la fibre du fibré induit par le morphisme naturel

$$\Gamma_{B_{p+r+1}} \mathcal{G}^{p+n+r} \to \Gamma_{B_{p+1}} \mathcal{G}^{p+n+1}.$$

Le diagramme (D_5) est un diagramme commutatif de fibrés (les lignes horizontales sont des fibrés).

$$(D_5)\qquad \begin{array}{ccccc} \Gamma_B \mathcal{G}^{p+n+r}_{p+n+1} & \longrightarrow & \Gamma_B \mathcal{G}^{p+n+r}_{p+n-r+2} & \longrightarrow & \Gamma_B \mathcal{G}^{p+n+1}_{p+n-r+2} \\ \downarrow & & & & \downarrow \\ \Gamma_{B_{p+r+1}} \mathcal{G}^{p+n+r}_{p+n+1} & \longrightarrow & \Gamma_{B_{p+r+1}} \mathcal{G}^{p+n+r}_{p+n-r+2} & \longrightarrow & \Gamma_{B_{p+r+1}} \mathcal{G}^{p+n+1}_{p+n-r+2} \\ \nu \downarrow & \searrow^{\nu'} & & & \downarrow \\ Z & \longrightarrow & \Gamma_{B_{p+r+1}} \mathcal{G}^{p+n+r} & \longrightarrow & \Gamma_{B_{p+1}} \mathcal{G}^{p+n+1} \\ \mu \uparrow & \nearrow_{\mu'} & & & \uparrow \\ \Gamma_{B_{p+r+1},B_{p+1}} \mathcal{G}^{p+n+r} & \longrightarrow & \Gamma_{B_{p+r+1},B_{p-r+1}} \mathcal{G}^{p+n+r} & \longrightarrow & \Gamma_{B_{p+1},B_{p-r+1}} \mathcal{G}^{p+n+r} \\ \uparrow & & & & \uparrow \\ \Gamma_{B_{p+r+1},B_{p+1}} \mathcal{G} & \longrightarrow & \Gamma_{B_{p+r+1},B_{p-r+1}} \mathcal{G} & \longrightarrow & \Gamma_{B_{p+1},B_{p-r+1}} \mathcal{G} \end{array}$$

A partir de ce diagramme les morphismes bord de la suite exacte d'homotopie des fibrés donnent naissance au diagramme (D_6) dont tous les

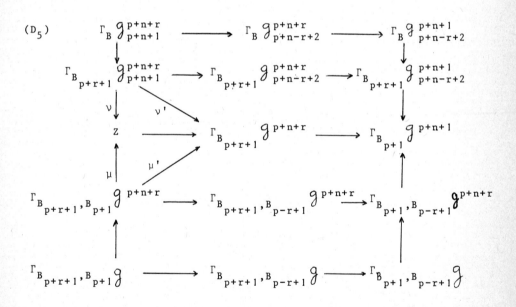

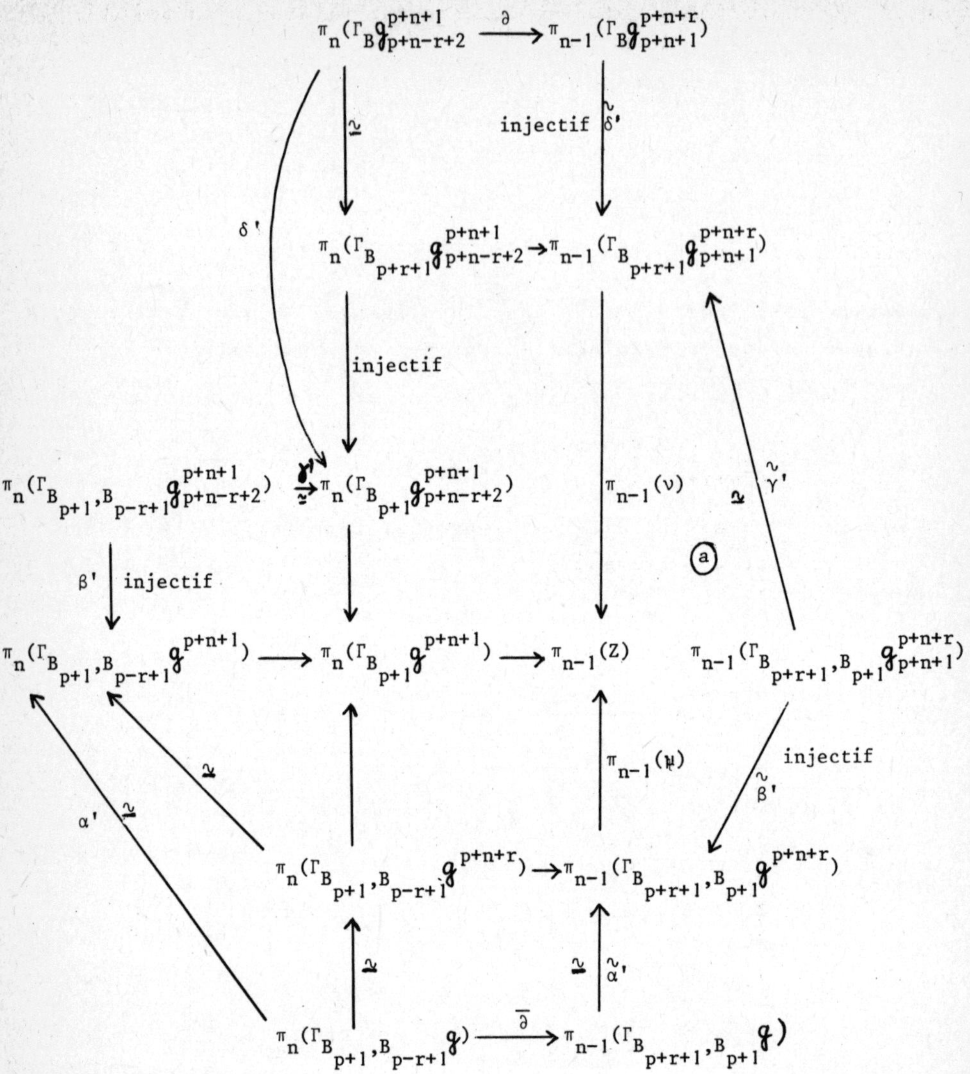
∂
injectif
δ'
injectif
β'
injectif
π_{n-1}(ν)
π_{n-1}(Z)
π_{n-1}(μ)
α'
injectif
β̃'
γ̃'
α̃'
a

triangles ou rectangles sont évidemment commutatifs, sauf, peut-être, le carré noté (a) (dans ce diagramme on a ajouté les morphismes servant à définir les isomorphismes ψ_r). La commutativité du carré (a) vient de la commutativité du carré (a') qui se déduit du fait que (a') s'insère dans le diagramme commutatif suivant (tous les morphismes de ce diagramme sont naturels).

$$\begin{array}{ccccc}
\Gamma_{B_{p+r+1},B_{p+1}}\mathcal{G}^{p+n+r}_{p+n+1} & \longrightarrow & \Gamma_{B_{p+r+1}}\mathcal{G}^{p+n+r}_{p+n+1} & \xrightarrow{\nu'} & \\
\downarrow & (a') & \downarrow{\scriptstyle \nu} & & \\
\Gamma_{B_{p+r+1},B_{p+1}}\mathcal{G}^{p+n+r} & \xrightarrow{\mu} & Z & \xrightarrow{\text{inclusion}} & \Gamma_{B_{p+r+1}}\mathcal{G}^{p+n+r} \\
& & \xrightarrow{\mu'} & & \Gamma_{B_{p+r+1}}\mathcal{G}^{p+n+r}
\end{array}$$

La commutativité du diagramme (D_6) entraîne la commutativité de (D_4) si $\pi_{n-1}(\mu)$ est injectif. Montrons que ce morphisme est en fait bijectif. On a un morphisme de fibrés (lignes horizontales)

$$\begin{array}{ccccc}
Z & \longrightarrow & \Gamma_{B_{p+r+1}}\mathcal{G}^{p+n+r} & \longrightarrow & \Gamma_{B_{p+1}}\mathcal{G}^{p+n+1} \\
\downarrow & & \downarrow & & \downarrow{\scriptstyle id} \\
\Gamma_{B_{p+1}}\mathcal{G}^{p+n+r}_{p+n+1} & \longrightarrow & \Gamma_{B_{p+1}}\mathcal{G}^{p+n+r} & \longrightarrow & \Gamma_{B_{p+1}}\mathcal{G}^{p+n+1}
\end{array}$$

Le noyau de la première flèche vecticale est le même que celui de la deuxième flèche verticale, c'est-à-dire $\Gamma_{B_{p+r+1},B_{p+1}}\mathcal{G}^{p+n+r}$. On a donc un fibré

$$\Gamma_{B_{p+r+1},B_{p+1}}\mathcal{G}^{p+n+r} \xrightarrow{\mu} Z \longrightarrow \Gamma_{B_{p+1}}\mathcal{G}^{p+n+r}_{p+n+1}$$

d'où une suite exacte

$$\pi_n(\Gamma_{B_{p+1}}\mathcal{G}^{p+n+r}_{p+n+1}) \to \pi_{n-1}(\Gamma_{B_{p+r+1},B_{p+1}}\mathcal{G}^{p+n+r}) \xrightarrow{\pi_{n-1}(\mu)} \pi_{n-1}(Z)$$

$$\longrightarrow \pi_{n-1}(\Gamma_{B_{p+1}}\mathcal{G}^{p+n+r}_{p+n+1})$$

dans laquelle les deux termes extrêmes sont nuls d'après le lemme IV-2, ce qui montre que $\pi_{n-1}(\mu)$ est bijectif.

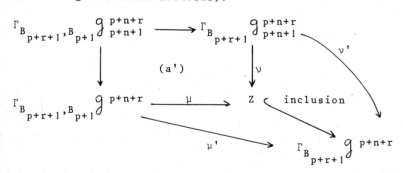

b) ψ_r donne ψ_{r+1} par passage à l'homologie.

D'après la proposition IV-1 et sa démonstration, dans la suite

$$\overline{H}_n(p,p+r+1) \xrightarrow{a} \overline{H}_n(p,p+r) \xrightarrow{b} \overline{H}_n(p-r+1,p+1) \xrightarrow{c} \overline{H}_n(p-r,p+1),$$

on a

$$\mathrm{Im}\ b = \overline{E}_r^{p,-n}$$

$$\mathrm{Im}\ b \circ a = \mathrm{Ker}\ \overline{d}_r$$

$$\mathrm{Im}\ c \circ b \circ a = \overline{E}_{r+1}^{p,-n}.$$

On a une suite du même type pour $E_{r-1}^{p+n,-n}$. La proposition résulte alors du diagramme commutatif suivant où les morphismes verticaux sont ceux construits dans la partie a) de la démonstration.

$$\begin{array}{ccccccc}
H_n(p+n,p+n+r) & \longrightarrow & H_n(p+n,p+n+r-1) & \longrightarrow & H_n(p+n-r+2,p+n+1) & \longrightarrow & H_n(p+n-r+1,p+n+1) \\
\downarrow{\scriptstyle \text{surjectif}} & & \downarrow{\scriptstyle \text{surjectif}} & & \downarrow{\scriptstyle \text{injectif}} & & \downarrow{\scriptstyle \text{injectif}} \\
H_n(p,p+r+1) & \longrightarrow & H_n(p,p+r) & \longrightarrow & H_n(p-r+1,p+1) & \longrightarrow & H_n(p-r,p+1)
\end{array}$$

Dans la définition des isomorphismes ψ_r, on a admis les propriétés d'injectivité, de surjectivité ou de bijectivité des flèches du diagramme (D_1). Il reste maintenant à les prouver. Pour cela, on va utiliser la proposition suivante.

Proposition IV-4

i) Le morphisme

$$\pi_n(\Gamma_{B_q,B_p}\mathcal{G}) \to \pi_n(\Gamma_{B_q,B_p}\mathcal{G}^k)$$

est surjectif pour $k \geqslant n+q-1$ et bijectif pour $k \geqslant n+q$.

ii) Le morphisme

$$\pi_n(\Gamma_{B_q,B_p}\mathcal{G}_{(k)}) \to \pi_n(\Gamma_{B_q,B_p}\mathcal{G})$$

est injectif pour $k \leqslant n+p+1$ et bijectif pour $k \leqslant n+p$.

iii) Le morphisme

$$\pi_n(\Gamma_{B_q,B_p}\mathcal{G}_{(k)}) \to \pi_n(\Gamma_{B_q}\mathcal{G}_{(k)})$$

est surjectif pour $k \geqslant n+p$ et bijectif pour $k \geqslant n+p+1$.

iv) Le morphisme

$$\pi_n(\Gamma_{B_q}\mathcal{G}^k) \to \pi_n(\Gamma_{B_p}\mathcal{G}^k)$$

est injectif pour $k \leqslant n+p$ et bijectif pour $k \leqslant n+p-1$.

Admettons pour l'instant cette proposition. Si on l'applique au diagramme (D_1) on voit que :

i) montre que α est surjectif et α' bijectif.
ii) montre que β est bijectif et β' injectif.
iii) montre que γ est surjectif et γ' bijectif.
iv) montre que δ est bijectif et δ' injectif.

Ceci achève de prouver le théorème IV-2. Il reste à prouver la proposition IV-4. Pour cela, on va utiliser le lemme IV-2 énoncé plus haut et, en outre, le lemme suivant :

Lemme IV-3.

Soit $G \to \mathcal{G} \to B$ un fibré en groupes. Pour $n \geqslant 0$, on a

$$\pi_n(\Gamma_{B,B_p}\mathcal{G}^k) = 0 \quad \text{pour } k \leqslant n+p$$

$$\pi_0(\Gamma_{B,B_p}\overline{W}\mathcal{G}^k) = 0 \quad \text{pour } k \leqslant p-1.$$

<u>Démonstration du Lemme</u> IV-3.

Comme les fibres de $\mathcal{G}^k_{k-1}$ sont de type $K(\pi_{k-1}(G),k-1)$, on a

$$\pi_n(\Gamma_{B,B_p}\mathcal{G}^k_{k-1}) \simeq H^{k-n-1}_{t_{k-1}}(B,B_p;\pi_{k-1}(G)).$$

Or ceci est nul si $k \leqslant n+p$, car la cohomologie se calcule à l'aide des cochaînes tordues (nulles sur les simplexes dégénérées) qui prennent la valeur zéro sur les simplexes de B_p, donc sur tous les $(k-n-1)$-simplexes lorsque $k-n-1 \leqslant p-1$.
La suite exacte d'homotopie du fibré

$$\Gamma_{B,B_p}\mathcal{G}^k_{k-1} \to \Gamma_{B,B_p}\mathcal{G}^k \to \Gamma_{B,B_p}\mathcal{G}^{k-1}$$

montre alors que pour $k \leqslant n+p$, le morphisme

$$\pi_n(\Gamma_{B,B_p}\mathcal{G}^k) \to \pi_n(\Gamma_{B,B_p}\mathcal{G}^{k-1})$$

est injectif. En itérant on obtient la première partie du lemme puisque $\pi_n(\Gamma_{B,B_p}\mathcal{G}^0) = 0$.

Pour démontrer la deuxième partie, on remarque

$$\pi_0(\Gamma_{B,B_p}\overline{W}\mathcal{G}^k_{k-1}) = H^k_{t_{k-1}}(B,B_p;\pi_{k-1}(G))$$

puis on procède comme pour la première partie.

<u>Démonstration de la proposition</u> IV-4.

Appliquons d'abord le lemme IV-2 à la suite exacte d'homotopie du fibré

$$\Gamma_{B_q,B_p}\mathcal{G}_{(k)} \to \Gamma_{B_q}\mathcal{G}_{(k)} \to \Gamma_{B_p}\mathcal{G}_{(k)}.$$

On en déduit $\pi_n(\Gamma_{B_q,B_p}\mathcal{G}_{(k)}) = 0$ pour $k \geqslant n+q$. Le même lemme appliqué à la suite exacte d'homotopie du fibré

$$\Gamma_{B_q,B_p}\overline{W}\mathcal{G}_{(k)} \to \Gamma_{B_q}\overline{W}\mathcal{G}_{(k)} \to \Gamma_{B_p}\overline{W}\mathcal{G}_{(k)}$$

donne $\pi_0(\Gamma_{B_q,B_p}\overline{W}\mathcal{G}_{(k)}) = 0$ pour $k \geqslant q-1$. Ces résultats appliqués à la suite exacte d'homotopie du fibré

$$\Gamma_{B_q,B_p}\mathcal{G}_{(k)} \to \Gamma_{B_q,B_p}\mathcal{G} \to \Gamma_{B_q,B_p}\mathcal{G}^k$$

(prolongée à droite en une suite exacte par le morphisme

$\pi_0(\Gamma_{B_q,B_p}\mathcal{G}^k) \to \pi_0(\Gamma_{B_q,B_p}\overline{W}\mathcal{G}_{(k)})$) montrent i.

La même suite exacte d'homotopie donne ii lorsqu'on lui applique le lemme IV-3.

Pour obtenir iii on applique le lemme IV-2 à la suite exacte d'homotopie du fibré

$$\Gamma_{B_q,B_p}\mathcal{G}(k) \to \Gamma_{B_q}\mathcal{G}(k) \to \Gamma_{B_p}\mathcal{G}(k).$$

Pour obtenir iv, on applique le lemme IV-3 à la suite exacte d'homotopie du fibré

$$\Gamma_{B_q,B_p}\mathcal{G}^k \to \Gamma_{B_q}\mathcal{G}^k \to \Gamma_{B_p}\mathcal{G}^k.$$

4. Exemples.

Commençons par montrer qu'on peut "extraire" une suite spectrale limitée d'une suite spectrale classique. Soit N un entier positif, et pour $-\infty < m < +\infty$ et $-\infty \leqslant p \leqslant q \leqslant +\infty$ supposons donné des groupes $K^m(p,q)$ vérifiant le système d'axiomes habituels qui permet de construire une suite spectrale (cf. Cartan Eilenberg [4]). Supposons de plus $K^m(p,q) = K^m(0,q)$ pour $p \leqslant 0$. On extrait de ces données une famille $H_n(p,q)$ satisfaisant au système d'axiomes d'une suite spectrale limitée en posant pour $n \geqslant -1$

$$H_n(p,q) = K^{N-n}(p,q).$$

Les termes $E_r^{p,-n}$ et $d_r^{p,-n}$ de la suite spectrale limitée construite à partir des $H_n(p,q)$ et les termes $F_r^{p,m}$ et $\delta_r^{p,m}$ de la suite spectrale classique construite à partir des $K^m(p,q)$ vérifient pour $n \geqslant 0$

$$E_r^{p,-n} \simeq F_r^{p,N-n} \text{ et } \delta_r^{p,N-n} = d_r^{p,-n} .$$

De plus si $F_r^{p,m}$ converge vers le bigradué $G^{p,m}$, alors $E_r^{p,-n}$ converge, pour $n \geqslant 0$, vers le bigradué "extrait" $H^{p,-n}$ tel que

$$H^{p,-n} = G^{p,N-n} \quad (n \geqslant 0).$$

Remarquons que, pour $n = -1$ et $r \geqslant 2$

$$F_r^{p,N+1} = \mathrm{Im}(K^{N+1}(p,p+r) \to K^{N+1}(p-r+1,p+1))$$

n'est en général qu'un sous-groupe de

$$E_r^{p,1} = \mathrm{Im}(K^{N+1}(p,p+1) \to K^{N+1}(p-r+1,p+1)).$$

1er exemple : Suite spectrale de Serre.

Rappelons la définition de la suite spectrale de Serre d'un fibré $F \to E \xrightarrow{\varphi} B$ en cohomologie à coefficients dans un groupe abélien π.

Pour $-\infty \leq q \leq +\infty$, notons $E_q = \varphi^{-1}(B_q)$, (E_q est vide pour $q \leq 0$ et $E_\infty = E$) et posons pour $m \geq 0$, et $-\infty \leq p \leq q \leq +\infty$

$$K^m(p,q) = H^m(E_q,E_p;\pi).$$

La suite spectrale construite à partir des données $K^m(p,q)$ est la suite spectrale de Serre de φ: $E \to B$. Elle est associée à la filtration décroissante définie sur $H^m(E,\pi) = K^m(-\infty,+\infty)$ par

$$\overline{F}^p H^m(E,\pi) = \mathrm{Ker}(H^m(E,\pi) \to H^m(E_p,\pi)).$$

Pour la suite spectrale de Serre les groupes $H_n(p,q)$, donnant naissance à la suite spectrale limitée "extraite", s'introduisent naturellement d'une autre façon. On peut supposer que le fibré φ: $E \to B$ est localement trivial, sinon on le remplace par un sous-fibré B-homotopiquement équivalent (May [13],II,10).

Soit $\mathcal{G} \to B$ le fibré en groupes abéliens tel que (cf. I,5)

$$(1) \qquad \Gamma_B \mathcal{G} = S_B(E,K(\pi,N) \times B) = S(E,K(\pi,N)).$$

La fibre de $\mathcal{G}$ est $G = S(F,K(\pi,N))$. Pour $p \geq 0$, on a :

$$\Gamma_{B_p} \mathcal{G} = S(E_p,K(\pi,N)),$$

et pour $p \leq q$

$$\Gamma_{B_q,B_p} \mathcal{G} = S((E_q,E_p),(K(\pi,N),0)).$$

Reprenons les notations de IV-3, alors :

$$\begin{aligned}\overline{H}_n(p,q) &= \pi_n(\Gamma_{B_q,B_p} \mathcal{G}) \\ &= H^{N-n}(E_q,E_p;\pi) \\ &= K^{N-n}(p,q).\end{aligned}$$

Ceci montre que pour $n \geq 0$ les termes de la suite spectrale limitée "extraite" de la suite spectrale de Serre de $E \to B$ sont isomorphes aux termes de la deuxième suite spectrale (cf. IV,3) du fibré en groupes $\mathcal{G}$,

Comme $\pi_i(S(F,K(\pi,N)) = H^{N-i}(F,\pi)$, la suite spectrale de Shih de $\mathcal{G}$ vérifie

$$E_1^{p,-n} = H^{p-n}_{t_{N-p}}(B,H^{N-p}(F,\pi)).$$

Dans le deuxième terme de cette égalité, il s'agit de cohomologie à valeurs dans des systèmes de coefficients locaux déterminés par la cohomologie des fibres de $E \to B$ (on a noté t_{N-p} pour t_p). Les isomorphismes ψ_r construits dans IV,3 donnent pour la suite spectrale limitée extraite

$$\overline{E}_2^{p,-n} \simeq H^p_{t_{N-p-n}}(B,H^{N-p-n}(F,\pi))$$

d'où la valeur du terme $F_2^{p,m}$ de la suite spectrale de Serre de $F \to E \to B$.

(2) $$F_2^{p,m} \simeq \overline{E}_2^{p,m-N}$$
$$\simeq H^p_{t_{m-p}}(B,H^{m-p}(F,\pi)).$$

Remarquons que (2) n'est obtenu que pour $m \leqslant N$, ce qui est normal, car d'après (1), on a

$$H^m(E,\pi) = \pi_{N-m}(\Gamma_B\mathcal{G}).$$

L'utilisation de $\mathcal{G}$ ne permet d'obtenir les groupes de cohomologie de E que pour $m \leqslant N$. Pour que ce calcul donne $F_2^{p,m}$ il faut choisir $N \geqslant m$.

On a ainsi une nouvelle façon de calculer le terme E_2 de la suite spectrale de Serre. De plus, le théorème IV-2 montre que le calcul de la différentielle d_2 de la suite spectrale de Serre revient au calcul de la différentielle d_1 de la suite spectrale de Shih de $\mathcal{G}$.

<u>2ème exemple</u> :

Soit $X = F \times_\tau B$ un produit tordu et supposons que le fibré en groupes $\mathcal{G}$ soit un produit tordu $G \times_\theta B$ (la fonction tordante θ est à valeurs dans le groupe simplicial A(G) des automorphismes de groupes de G). D'après la proposition I-3,b,

$$S_B(X,\mathcal{G}) = \Gamma_B(S(F,G) \times_{\tau\times\theta} B).$$

La suite spectrale de Shih du fibré en groupes $S(F,G)\times_{\tau\times\theta}B$ est une suite spectrale limitée associée au groupe gradué

$$\pi_n(S_B(X,\mathcal{G})).$$

Elle vérifie

$$E_1^{p,-n} = H^{p-n}_{\tau\times\theta}(B,\pi_p(S(F,G))) \quad (n \geqslant -1).$$

En particulier en prenant $\mathcal{G} = G \times B$, on a ainsi une suite spectrale limitée associée au groupe gradué

$$\pi_n(S(X,G)).$$

Dans [8], en utilisant une filtration de B par les squelettes, on avait déjà associé à ce groupe gradué une suite spectrale limitée telle que

$$\overline{E}_2^{p,n} = H^p_{\tau\times\theta}(B,\pi_{p+n}(S(F,G))) \quad (n \geqslant -1).$$

Le théorème IV-2 montre que ces deux suites spectrales sont isomorphes.

V. DIFFERENTIELLE DE LA SUITE SPECTRALE DE SHIH.

1. Calcul de la différentielle en fonction des invariants d'Eilenberg.

Nous allons montrer que la différentielle d_1 de la suite spectrale de Shih du fibré en groupes $\mathcal{G}$ est déterminée par les suspensions des invariants d'Eilenberg de $\mathcal{G}$ (III,5). Ceci résulte du calcul de l'opérateur bord de la suite exacte d'homotopie du fibré des espaces de sections induite par une suite exacte de fibrés en groupes (théorème V-1). Rappelons d'abord les structures de fibrés B-principaux (II,2) définies par une telle suite exacte.

Une suite exacte de fibrés en groupes

(1) $$B \to \mathcal{G}' \to \mathcal{G} \to \mathcal{G}'' \to B$$

définit sur $\mathcal{G}$ deux structures de fibré B-principal, de fibré structural $\mathcal{G}'$ opérant à droite sur $\mathcal{G}$. La première est définie par l'opération à droite de $\mathcal{G}'$ sur $\mathcal{G}$:

$$(g,g') \to g.g' \ , \ (g,g') \in \mathcal{G} \times_B \mathcal{G}'$$

(on identifie $\mathcal{G}'$ avec son image dans $\mathcal{G}$). La deuxième structure est définie par l'opération à droite de $\mathcal{G}'$ sur $\mathcal{G}$

$$(g,g') \to g'^{-1}. g \ , \ (g,g') \in \mathcal{G} \times_B \mathcal{G}'$$

C'est de cette deuxième opération qu'il s'agit dans la suite.

La suite (1) induit un fibré

(2) $$\Gamma_B \overline{W} \mathcal{G}' \to \Gamma_B \overline{W} \mathcal{G} \to \Gamma_B \overline{W} \mathcal{G}''.$$

Notons, pour $n \geqslant 0$,

$$\partial : \pi_{n+1}(\Gamma_B \overline{W} \mathcal{G}'') \to \pi_n(\Gamma_B \overline{W} \mathcal{G}')$$

l'opérateur bord de la suite exacte d'homotopie de (2) et

$$I : \pi_{n+1}(\Gamma_B \overline{W} \mathcal{G}'') \to \pi_n(\Gamma_B \mathcal{G}'')$$

l'opérateur bord de la suite exacte d'homotopie du fibré

$$\Gamma_B \mathcal{G}'' \to \Gamma_B W \mathcal{G}'' \to \Gamma_B \overline{W} \mathcal{G}''$$

I est un isomorphisme car, $W\mathcal{G}''$ est B-homotopiquement équivalent à B (proposition II-5).

Théorème V-1.

Soit $\overline{\theta} : \mathcal{G}'' \to \overline{W}\mathcal{G}'$ un B-morphisme dans la classe déterminant le fibré B-principal défini par (1) (pour la deuxième opération). Pour tout $n \geq 0$, le morphisme

$$(3) \qquad \pi_n(\Gamma_B \mathcal{G}'') \to \pi_n(\Gamma_B \overline{W}\mathcal{G}')$$

induit par $\overline{\theta}$ n'est autre que $\partial \circ I^{-1}$.

Corollaire.

Soit $\eta_p \in H^{p+2}_{t_{p+1}}(\pi_p(G), p, t_p, \pi_{p+1}(G))$ le p^e-invariant d'Eilenberg du fibré en groupes $G \to \mathcal{G} \to B$. La différentielle

$$d_1^{p,-n} : H^{p-n}_{t_p}(B, \pi_p(G)) \to H^{p-n+2}_{t_{p+1}}(B, \pi_{p+1}(G)) \quad (n \geq 0)$$

de la suite spectrale de Shih de $\mathcal{G}$ vérifie pour tout $c \in H^{p-n}_{t_p}(B, \pi_p(G))$

$$d_1^{p,-n}(c) = \sigma^n \eta_p(c)$$

où $\sigma^n \eta_p$ est la n^e suspension de la B-opération cohomologique η_p

Démonstration du corollaire.

Rappelons (IV,2°) que la différentielle $d_1^{p,-n}$ est définie, pour $n \geq 0$, par l'opérateur bord

$$\partial : \pi_{n+1}(\Gamma_B \overline{W}\mathcal{G}^{p+1}_p) \to \pi_n(\Gamma_B \overline{W}\mathcal{G}^{p+2}_{p+1})$$

de la suite exacte d'homotopie du fibré

$$\Gamma_B \overline{W}\mathcal{G}^{p+2}_{p+1} \to \Gamma_B \overline{W}\mathcal{G}^{p+2}_p \to \Gamma_B \overline{W}\mathcal{G}^{p+1}_p$$

Le théorème V-1 montre que $d_1^{p,-n}$ est alors le composé

$$H^{p-n}_{t_p}(B, \pi_p(G)) \simeq \pi_{n+1}(\Gamma_B \overline{W}\mathcal{G}^{p+1}_p) \overset{I}{\underset{\simeq}{\leftarrow}} \pi_n(\Gamma_B \mathcal{G}^{p+1}_p) \overset{\mu}{\to} \pi_n(\Gamma_B \overline{W}\mathcal{G}^{p+2}_{p+1}) \simeq H^{p+2}_{t_{p+1}}(B, \pi_{p+1}(G))$$

où μ est induit par un B-morphisme $\overline{\theta} : \mathcal{G}^{p+1}_p \to \overline{W}\mathcal{G}^{p+2}_{p+1}$ dans la classe définissant le B-fibré principal (pour la deuxième opération)

$$(4) \qquad \mathcal{G}^{p+2}_{p+1} \to \mathcal{G}^{p+2}_p \to \mathcal{G}^{p+1}_p$$

θ représente donc le p^e invariant d'Eilenberg de $\mathcal{G}$ et μ sa n^e suspension, ce qui montre le corollaire.

Démonstration du Théorème V-1.

Considérons le diagramme commutatif

$$(D_1)\qquad \begin{array}{ccccccc}
W\mathcal{G}' & \xleftarrow{\psi} & \mathcal{G}\times_B W\mathcal{G}' & \xrightarrow{\varphi} & \mathcal{G} & \xrightarrow{\theta} & W\mathcal{G}' \\
\downarrow & & \downarrow v & & \downarrow & & \downarrow \\
\overline{W}\mathcal{G}' & \xleftarrow{\overline{\psi}} & \mathcal{G}\underset{\tau}{\times} W\mathcal{G}' & \xrightarrow{\overline{\varphi}} & \mathcal{G}'' & \xrightarrow{\overline{\theta}} & \overline{W}\mathcal{G}'
\end{array}$$

où $\tau : \overline{W}G' \to G$ est la B-fonction tordante composée de la B-fonction tordante canonique $\tau' : \overline{W}\mathcal{G}' \to \mathcal{G}'$ et de l'injection $\mathcal{G}' \to \mathcal{G}$. L'application

$$v : \mathcal{G}\times_B(\mathcal{G}'\times_{\tau'}\overline{W}\mathcal{G}') \to \mathcal{G}\times\overline{W}\mathcal{G}'$$

est définie par $v(x,x',y') = (x'x,y')$, ce qui définit bien $\mathcal{G}\times_B W\mathcal{G}'$ comme fibré B-principal de base $\mathcal{G}\times_\tau\overline{W}\mathcal{G}'$ et de fibré structural $\mathcal{G}'$ opérant simultanément à droite sur $\mathcal{G}$ au moyen de la deuxième opération et sur $W\mathcal{G}'$. Les applications φ et ψ sont les projections sur les facteurs (ce sont bien des $\mathcal{G}'$-morphismes). L'application $\overline{\psi}$ est la deuxième projection et $\overline{\varphi}$ est le composé de la première projection et de l'application $\mathcal{G} \to \mathcal{G}''$.

Remarquons que les flèches verticales de (D_1) sont des fibrés B-principaux de fibré structural $\mathcal{G}'$. Le fibré B-principal v est donc image réciproque du fibré B-universel $W\mathcal{G}' \to \overline{W}\mathcal{G}'$ par $\overline{\psi}$ et par $\overline{\theta}\circ\overline{\varphi}$ qui sont par conséquent B-homotopes.

Considérons maintenant le diagramme commutatif suivant dont les lignes sont des B-fibrés

$$\begin{array}{ccccc}
\mathcal{G}'' & \longrightarrow & W\mathcal{G}'' & \longrightarrow & \overline{W}\mathcal{G}'' \\
\uparrow \overline{\varphi} & & | & & \uparrow = \\
\mathcal{G}\underset{\tau}{\times}\overline{W}\mathcal{G}' & \longrightarrow & W\mathcal{G} & \longrightarrow & \overline{W}\mathcal{G}'' \\
\downarrow \overline{\psi} & & \downarrow & & \downarrow = \\
\overline{W}\mathcal{G}' & \longrightarrow & \overline{W}\mathcal{G} & \longrightarrow & \overline{W}\mathcal{G}''
\end{array}$$

En lui appliquant Γ_B puis la suite exacte d'homotopie des fibrés, on obtient un diagramme commutatif.

$$\begin{array}{ccc}
\pi_{n+1}(\Gamma_B \overline{W}\,\mathcal{G}'') & \xrightarrow[\simeq]{\ I\ } & \pi_n(\Gamma_B\,\mathcal{G}'') \\
\Big\uparrow {\scriptstyle =} & & \Big\uparrow {\scriptstyle \alpha} \\
\pi_{n+1}(\Gamma_B \overline{W}\,\mathcal{G}'') & \xrightarrow{\ \simeq\ } & \pi_n(\Gamma_B(\mathcal{G} \times_\tau \overline{W}\,\mathcal{G}')) \\
\Big\downarrow {\scriptstyle =} & & \Big\downarrow {\scriptstyle \beta} \\
\pi_{n+1}(\Gamma_B \overline{W}\,\mathcal{G}'') & \xrightarrow{\ \partial\ } & \pi_n(\Gamma_B \overline{W}\,\mathcal{G}')
\end{array}$$

Les morphismes α et β sont induits respectivement par $\overline{\varphi}$ et $\overline{\psi}$. Ce diagramme montre que α est bijectif et que

$$\partial \circ I^{-1} = \beta \circ \alpha^{-1}$$

D'autre part si $\gamma : \pi_n(\Gamma_B\,\mathcal{G}'') \to \pi_n(\Gamma_B \overline{W}\,\mathcal{G}')$ désigne le morphisme (3), on a

$$\gamma \circ \alpha = \beta ,$$

parce que $\overline{\theta} \circ \overline{\varphi}$ est homotope à $\overline{\psi}$, donc $\partial \circ I^{-1} = \gamma$ ce qui montre le théorème.

<u>Interprétation de la différentielle $d_1^{p,0}$.</u>

Interprétons la B-opération cohomologique définie par le p^e invariant d'Eilenberg η_p de $\mathcal{G}$. Soit $\overline{\theta} : \mathcal{G}_p^{p+1} \to \overline{W}\mathcal{G}_{p+1}^{p+2}$ un représentant de η_p et $s : B \to \mathcal{G}_p^{p+1}$ une section représentant la classe $c \in H^p_{t_p}(B, \pi_p(G))$. Comme $\overline{\theta}$ est dans la classe déterminant le fibré B-principal (4), la section $\overline{\theta} \circ s : B \to \overline{W}\mathcal{G}_{p+1}^{p+2}$ est dans la classe définie par le fibré $E \to B$ image réciproque de (4) par s. D'après la remarque de III,3°, la classe de $\overline{\theta} \circ s$ dans $H^{p+2}_{t_{p+1}}(B, \pi_{p+1}(G))$ (qui est l'image de c par η_p) est la première classe d'obstruction de E (cf. définition III-5). Le théorème V-1 donne alors :

Proposition V-1.

Pour tout $p \geqslant 0$, la différentielle

$$d_1^{p,0} : H^p_{t_p}(B,\pi_p(G)) \to H^{p+2}_{t_{p+1}}(B,\pi_{p+1}(G))$$

de la suite spectrale de Shih de $\mathcal{G}$, envoie la classe $c \in H^p_{t_p}(B,\pi_p(G))$, représentée par une section $s : B \to \mathcal{G}^{q+1}_q$ sur la première classe d'obstruction du fibré de base B, image réciproque par s du B-fibré

$$\mathcal{G}^{q+2}_{q+1} \to \mathcal{G}^{q+2}_q \to \mathcal{G}^{q+1}_q$$

(les autres termes de la différentielle d_1 sont obtenus par suspension des termes $d_1^{p,0}$).

Application : Différentielle de la suite spectrale de Serre.

On reprend les notations de IV,4, et on prend pour E un produit tordu $F \times_\theta B$ où θ est une fonction tordante à valeurs dans le groupe simplicial associé aux automorphismes de F. On note également θ les fonctions tordantes des systèmes de coefficients locaux définis par les groupes de cohomologie des fibres du fibré $F \times_\theta B \to B$.

Théorème V-2.

Soit

$$(\eta_N)_p \in H^{p+2}_\theta(H^{N-p}(F,\pi),p,\theta,H^{N-p-1}(F,\pi))$$

le p^e invariant d'Eilenberg du fibré en groupes $S(F,K(\pi,N)) \times_\theta B$. La différentielle

$$\delta_2^{p,N} : H^p_\theta(B,H^{N-p}(F,\pi)) \to H^{p+2}_\theta(B,H^{N-p-1}(F,\pi))$$

de la suite spectrale de Serre du fibré $F \times_\theta B \to B$ vérifie

$$\delta_2^{p,N}(c) = (\eta_N)_p(c)$$

Les classes $(\eta_N)_p$ étant liées entre elles par les relations

$$\sigma^k(\eta_{N+k})_{p+k} = (\eta_N)_p \qquad (k \geqslant 0). \tag{5}$$

Démonstration.

Notons respectivement d_1 et $\overline{d}_2$ les différentielles de la suite spectrale de Shih et de la deuxième suite spectrale du fibré en groupes $S(F,K(\Pi,N+k)) \times_\theta B$. D'après le corollaire du théorème V-1, pour $c \in H^p_\theta(B,H^{N-p}(F,\pi))$, on a

$$\sigma^k(\eta_{N+k})_{p+k}(c) = d_1^{p+k,-k}(c)$$

D'après le théorème IV-2

$$d_1^{p+k,-k}(c) = \overline{d}_2^{p,-k}(c)$$

et d'après le premier exemple de IV, 4°

$$\delta_2^{p,N}(c) = \overline{d}_2^{p,-k}(c)$$

ce qui montre le théorème.

2. Calcul de la différentielle lorsque la base est simplement connexe.

Si $\pi_1(B) = 0$, les fibrés en groupes $\mathcal{G}_p^{p+1}$ introduits par la décomposition de Postnikov du fibré en groupes $G \to \mathcal{G} \to B$, sont triviaux. Le p^e invariant d'Eilenberg η_p de $\mathcal{G}$ est représenté par un B-morphisme

$$K(\pi_p,p) \times B \to K(\pi_{p+1},p+2) \times B.$$

(on note π_p pour $\pi_p(G)$). On a donc

$$\eta_p \in H^{p+2}(K(\pi_p,p) \times B,\ \pi_{p+1})$$

De plus, comme η_p est en fait une B-opération cohomologique pointée (III, 5, c) η_p est dans le noyau K du morphisme

$$H^{p+2}(K(\pi_p,p) \times B,\ \pi_{p+1}) \to H^{p+2}(B,\pi_{p+1})$$

induit par la section neutre $B \to K(\pi_p,p) \times B$. Comme $H_1(B) = 0$, on a un isomorphisme

$$K \simeq H^2\ (B,\mathrm{Hom}(\pi_p,\pi_{p+1})\ ) \oplus H^0(B,H^{p+2}(\pi_p,p,\pi_{p+1})\ )$$

(ceci car $H^p(K(\pi_p,p),\pi_{p+1}) \simeq \mathrm{Hom}(\pi_p,\pi_{p+1})$ et donc

$$H^2(B,H^p(K(\pi,p),\pi_{p+1})\ ) \simeq H^2(B,\mathrm{Hom}(\pi_p,\pi_{p+1}))\ ).$$

η_p détermine donc deux classes

$$\eta_p^0 \in H^{p+2}(\pi_p,p,\pi_{p+1})$$

$$\eta_p^2 \in H^2(B,\mathrm{Hom}(\pi_p,\pi_{p+1})\ )$$

η_p^0 est le p^e invariant d'Eilenberg de la fibre G de $\mathcal{G}$.

Remarquons que si $\mathcal{G}$ est abéblien, $\eta_p^0 = 0$, car les invariants d'Eilenberg d'un groupe abélien sont nuls, (May [13], théorème 24.5).

Définition V-1. (voir également définition V-3)

On appelle $\eta_p^2 \in H^2(B,\mathrm{Hom}(\pi_p,\pi_{p+1}))$ le p^e invariant secondaire d'Eilenberg du fibré en groupes $\mathcal{G} \to B$ (η_p^2 est défini si $\pi_1(B) = 0$).

Théorème V-3.

Si $\pi_1(B) = 0$, la différentielle

$$d_1^{p,-n} : H^{p-n}(B,\pi_p) \to H^{p+2-n}(B,\pi_{p+1})$$

de la suite spectrale de Shih de $\mathcal{G} \to B$ vérifie, pour $n \geqslant 0$ et pour tout $c \in H^{p-n}(B,\pi_p)$

$$d_1^{p,-n}(c) = \sigma^n\, \eta_p^0(0) + \eta_p^2 \cup c$$

où $\sigma^n\, \eta_p^0$ est la n^e suspension de η_p^0 et $\cup$ est le cup-produit défini par le morphisme naturel $\pi_p \otimes \mathrm{Hom}(\pi_p,\pi_{p+1}) \to \pi_{p+1}$.

Corollaire.

Si $\pi_1(B) = 0$ et $\mathcal{G}$ abélien, on a

$$d_1^{p,-n}(c) = \eta_p^2 \cup c.$$

Démonstration du Théorème V-3.

D'après la proposition III-5, η_p^2 opère par cup-produit. On a donc

$$\eta_p(c) = \eta_p^0(c) + \eta_p^2 \cup c$$

le théorème se déduit alors du corollaire du théorème V-1.

Différentielle de la suite spectrale de Serre dont la base est simplement connexe.

Considérons un produit tordu $E = F \times_\theta B$. On reprend les notations du théorème V-2. Le fibré en groupes $\mathcal{G} = S(F,K(\pi,N)) \times_\theta B$ vérifie les hypothèses du corollaire du théorème V-3. La différentielle

$$\delta_2^{p,N} : H^p(B,H^{N-p}(F,\pi)) \to H^{p+2}(B,H^{N-p-1}(F,\pi))$$

de la suite spectrale de Serre du fibré $F \times_\theta B \to B$ vérifie

(1) $\quad \delta_2^{N,p}(c) = (\eta_N)_p^2 \cup c$

où $(\eta_N)^2_p \in H^2(B, \mathrm{Hom}(H^{N-p}(F,\pi), H^{N-p-1}(F,\pi))$ est le p^e invariant d'Eilenberg secondaire de $\mathcal{G}$. La relation (5) du théorème V-2 donne dans ce cas

$$\sigma^k(\eta_{N+k})^2_{p+k} = (\eta_{N+k})^2_{p+k} = (\eta_N)^2_p$$

ce qui montre que les classes

$$\alpha^2_{N-p} = (\eta_N)^2_p$$

ne dépendent pas du N choisi. On retrouve ainsi, par une autre méthode, la valeur de la différentielle de la suite spectrale de Serre d'un fibré dont la base est simplement connexe donnée par Fadell-Hurewicz, [7].

3. Calcul de la différentielle lorsque $\mathcal{G}$ est abélien.

Considérons un fibré en groupes $G \to \mathcal{G} \to B$. Dans la suite, on note π pour $\pi_n(G)$, π' pour $\pi_{n+1}(G)$, t pour t_n, t' pour t_{n+1}. ($t_i : B \to \mathrm{Aut}\, \pi_i(G)$ est une fonction tordante dans la classe déterminée par la i^e classe caractéristique de $\mathcal{G}$, cf. III, 3°). On note également τ pour $t \times t'$. On rappelle que le n^e invariant d'Eilenberg η_n de $\mathcal{G}$ est une B-opération cohomologique pointée de type $(n, n+2, t, t')$.

Notons S'_n le groupe simplicial abélien $S'(K(\pi,n), K(\pi',n+2))$ des applications pointées de $K(\pi,n)$ dans $K(\pi',n+2)$. D'après la proposition III-3, on peut représenter η_n par une section

$$f : B \to S'_n \times_\tau B.$$

D'après le lemme III-2, pour $n \geqslant 1$, on a

$$\pi_i(S'_n) = H^{n+2-i}(K(\pi,n),\pi') \text{ si } i < n+2$$

et 0 sinon. En explicitant, on obtient

$$\pi_0(S'_n) = H^{n+2}(\pi,n,\pi') \qquad \pi_1(S'_n) = H^{n+1}(\pi,n,\pi') \qquad \pi_2(S'_n) = \mathrm{Hom}(\pi,\pi')$$

$$\pi_i(S'_n) = 0 \text{ pour } i \geqslant 3$$

Remarquons que pour $n \geqslant 2$, $H^{n+1}(\pi,n,\pi') = \mathrm{Ext}(\pi,\pi')$ et que S'_0 est de type $K(S'(\pi,\pi'),2)$ ($S'(\pi,\pi')$ est le groupe discret des applications pointées de π dans π').

a) Invariants primaires d'Eilenberg d'un fibré en groupes abéliens.

Supposons maintenant $\mathcal{G}$ abélien.

Proposition V-2.

Pour $n > 0$, le n^e invariant d'Eilenberg de $\mathcal{G}$, $\eta_n \in \pi_0(\Gamma_B(S'_n \times_\tau B))$, provient d'un unique élément de $\pi_0(\Gamma_B((S'_n)_{(1)} \times_\tau B))$.

Démonstration.

Soit $f : B \to S'_n \times_\tau B$ une section représentant η_n. Par la surjection de la B-suite exacte définissant le premier système de Postnikov de $S'_n \times_\tau B$,

$$(1) \qquad B \to (S'_n)_{(1)} \times_\tau B \to S'_n \times_\tau B \to (S'_n)^1 \times_\tau B \to B$$

la section f est envoyée sur un représentant de la classe $\eta_n^0 \in H_\tau^0(B, H^{n+2}(\pi,n,\pi'))$ qui définit le n^e invariant d'Eilenberg du groupe simplicial abélien G. Un groupe simplicial abélien étant homotopiquement équivalent à un produit d'espaces d'Eilenberg-Mac Lane (May, [13]), ses invariants d'Eilenberg sont nuls. On a donc $\eta_n^0 = 0$, et la section f se relève en une section de $(S'_n)_{(1)} \times_\tau B \to B$. D'autre part le groupe $(S'_n)^1$ étant homotopiquement discret, le groupe $\pi_1(\Gamma_B((S'_n)^1 \times_\tau B))$ est nul, et la suite exacte d'homotopie de la fibration des espaces de sections déterminée par (1) montre que ce relèvement est unique.

Dans la suite on pose

$$S''_n = S'(K(\pi,n),K(\pi',n+2))_{(1)}.$$

S''_n est donc un groupe simplicial abélien connexe tel que, pour $n \geqslant 1$, $\pi_i(S''_n) = \pi_i(S'_n)$ si $i \geqslant 1$. On a donc

$$\pi_2(S''_n) = \mathrm{Hom}(\pi,\pi') \quad \text{pour } n \geqslant 1$$

$$\pi_1(S''_n) = \mathrm{Ext}(\pi,\pi') \quad \text{pour } n \geqslant 2$$

$$\pi_1(S''_1) = H^2(\pi,1,\pi')$$

et $\pi_i(S''_n) = 0$ pour $i \neq 1,2$. Pour $n = 0$, on a $\pi_2(S''_0) = S'(\pi,\pi')$ et les autres groupes d'homotopie sont nuls.

Remarque V-1.

Pour $n = 1$ et $n = 0$, les invariants d'Eilenberg sont déterminés par les deux suites exactes $(i = 0,1)$

$$B \to \mathcal{G}^{i+2}_{i+1} \to \mathcal{G}^{i+2}_{i} \to \mathcal{G}^{i+1}_{i} \to B$$

qui induisent canoniquement les deux suites exactes

$$B \to \overline{W}^{2-i}\mathcal{G}^{i+2}_{i+1} \to \overline{W}^{2-i}\mathcal{G}^{i+2}_{i} \to \overline{W}^{2-i}\mathcal{G}^{i+1}_{i} \to B$$

Notons $\eta_i^! \in H^4(\pi,2,\pi')$ les invariants qui les classifient. D'après la proposition V-2, $\eta_i^!$ est en fait une classe de sections de $S_2'' \times_\tau B$. De plus, on a

$$\sigma^{2-i}\eta_i^! = \eta_i$$

Appliquons la suite exacte III,5,a,(2) prolongée au fibré en groupes abéliens $S_q'' \times_\tau B$ (pour $q \geqslant 2$). On a donc $n = 1$ et $p = 2$. Si on considère le cas $m = 1$ et $k = 0$ pour la partie prolongée, on obtient la suite exacte

$$(2)\quad H^0_\tau(B,\mathrm{Ext}(\pi,\pi')) \to H^2_\tau(B,\mathrm{Hom}(\pi,\pi')) \overset{\alpha}{\to} \pi_0(\Gamma_B(S_n'' \times_\tau B)) \overset{\beta}{\to}$$

$$H^1_\tau(B,\mathrm{Ext}(\pi,\pi')) \to H^3_\tau(B,\mathrm{Hom}(\pi,\pi')).$$

Définition V-2.

On appelle n^e invariant primaire d'Eilenberg du fibré en groupes abéliens $G \to \mathcal{G} \to B$, la classe

$$\eta_n^1 \in H^1_{t_n \times t_{n+1}}(B,\mathrm{Ext}(\pi_n(G), \pi_{n+1}(G)))$$

associée, par le morphisme β de la suite exacte (2), au n^e invariant d'Eilenberg η_n de $\mathcal{G}$ si $n \geqslant 2$ et à η_n' si $n = 0,1$.

Si $\pi_1(B) = 0$, le n^e invariant primaire d'Eilenberg de $\mathcal{G}$ est nul, et on a vu (définition V-1) qu'on pouvait définir un invariant secondaire. On va maintenant définir cet invariant secondaire dans un cas plus général.

b) Invariants secondaires d'Eilenberg d'un fibré en groupes abéliens ($\pi_1(B)$ libre).

Notons B^2 le 2e système de Postnikov de la base B du fibré en groupes abéliens $G \to \mathcal{G} \to B$ et notons π_1 pour $\pi_1(B)$. L'ensemble simplicial B^2 est de type $K(\pi_1, 1)$ et on a une fibration $B \to B^2$ dont les fibres sont simplement connexes.

On reprend les notations du paragraphe précédent. On peut considérer les fonctions tordantes comme induites par des fonctions tordantes définies sur B^2 (qu'on note également t et t'). Les produits tordus de base B considérés sont alors images réciproques de produits tordus de même fibre et de base B^2.

La projection $B \to B^2$ induit des morphismes

$$p^* : H^1_\tau(B^2, \mathrm{Ext}(\pi,\pi')) \to H^1_\tau(B, \mathrm{Ext}(\pi,\pi'))$$

$$\overline{p} : \pi_0(\Gamma_{B^2}(S''_n \times_\tau B^2)) \to \pi_0(\Gamma_B(S''_n \times_\tau B))$$

Montrons que p^* est un isomorphisme.

Lemme V-1.

Soit A un groupe abélien et soit un homomorphisme $\varphi : \pi_1 \to \mathrm{Aut}\, A$. Soit également une fonction tordante θ dans la classe déterminée par φ. La projection $B \to B^2$ induit des isomorphismes

$$H^1_\theta(B,A) \simeq H^1_\theta(B^2,A), \qquad H^0_\theta(B,A) \simeq H^0_\theta(B^2,A).$$

(les deuxièmes membres sont isomorphes aux groupes de cohomologie du π_1-module A défini par φ, [12]).

Démonstration.

Ce lemme est une conséquence immédiate de la suite spectrale de Serre de la fibration $B \to B^2$.

Supposons maintenant π_1 libre. Si on remplace B par B^2 dans la suite exacte (2), le morphisme β devient un isomorphisme

$$\beta^2 : \pi_0(\Gamma_{B^2}(S''_n \times_\tau B^2)) \to H^1_\tau(B^2, \mathrm{Ext}(\pi,\pi'))$$

car les groupes de cohomologie d'ordre supérieur à 1 d'un groupe libre sont nuls (Cartan-Eilenberg [4] p. 192).

On définit un morphisme

$$\gamma : H^1_\tau(B,\mathrm{Ext}(\pi,\pi')) \to \pi_0(\Gamma_B(S''_n \times_\tau B))$$

en posant

$$\gamma = \overline{p} \circ (\beta^2)^{-1} \circ (p^*)^{-1}$$

<u>Proposition</u> V-3.

Si π_1 est libre, pour $n \geqslant 2$, la suite exacte (2) induit une suite exacte courte

$$(3) \qquad 0 \to H^2_\tau(B,\mathrm{Hom}(\pi,\pi')) \overset{\alpha}{\to} \pi_0(\Gamma_B(S''_n \times_\tau B)) \underset{\gamma}{\overset{\beta}{\rightleftarrows}} H^1_\tau(B,\mathrm{Ext}(\pi,\pi')) \to 0$$

scindée par le morphisme γ.

<u>Démonstration</u>.

Considérons le diagramme commutatif

$$\begin{array}{ccccccccc}
H^0_\tau(B,\mathrm{Ext}(\pi,\pi')) & \to & H^2_\tau(B,\mathrm{Hom}(\pi,\pi')) & \overset{\alpha}{\to} & \pi_0(\Gamma_B(S''_n\times_\tau B)) & \overset{\beta}{\to} & H^1_\tau(B,\mathrm{Ext}(\pi,\pi')) & \to & H^3_\tau(B,\mathrm{Hom}(\pi,\pi')) \\
\uparrow \simeq & & & & \uparrow \overline{p} & & p^* \uparrow \simeq & & \\
H^0_\tau(B^2,\mathrm{Ext}(\pi,\pi')) & \to & 0 & \to & \pi_0(\Gamma_{B^2}(S''_n \times_\tau B)) & \underset{\simeq}{\overset{\beta^2}{\to}} & H^1_\tau(B^2,\mathrm{Ext}(\pi,\pi')) & \to & 0
\end{array}$$

où la première ligne est la suite exacte (2) et la deuxième est obtenue en remplaçant B par B^2 dans cette même suite exacte. D'après le lemme V-1, la première flèche verticale est un isomorphisme, ce qui montre que α est injectif. On voit immédiatement que $\beta \circ \gamma$ est l'application identique ce qui achève de montrer la proposition.

Cette proposition entraîne, pour π_1 libre

$$\pi_0(\Gamma_B(S''_n \times_\tau B)) \simeq H^2_\tau(B,\mathrm{Hom}(\pi,\pi')) \oplus H^1_\tau(B,\mathrm{Ext}(\pi,\pi')).$$

Le n^e invariant d'Eilenberg η_n, pour $n \geqslant 2$ ou η'_n pour $n = 0,1$, est donc la somme du n^e invariant d'Eilenberg primaire $\eta^1_n \in H^1_\tau(B,\mathrm{Ext}(\pi,\pi'))$ et d'une classe $\eta^2_n \in H^2_\tau(B,\mathrm{Hom}(\pi,\pi'))$.

<u>Définition</u> V-3.

La classe

$$\eta^2_n \in H^2_\tau(B,\mathrm{Hom}(\pi,\pi'))$$

qu'on vient d'associer au fibré en groupes abéliens $\mathcal{G} \to B$, lorsque le groupe fondamental de la base est <u>libre</u>, est appelée le n^e <u>invariant secondaire d'Eilenberg</u> de $\mathcal{G}$.

Remarque V-2.

Si $\pi_1(B) = 0$, les deux définitions de η_n^2 (définitions V-1 et V-3) coïncident.

On sait déjà (proposition III-5) que η_n^2 opère par cup-produit. Nous allons maintenant expliciter l'opération cohomologique de type (n,n+2,t,t') associée à η_n^1 lorsque π_1 est libre.

c) Opération mixte.

Notons B_2 la fibre de $B \to B^2$ au-dessus de $b_0 \in B^2$. On a $\pi_1(B_2) = 0$. Soient A un groupe abélien et $\varphi : \pi_1 \to \mathrm{Aut}\, A$ un homomorphisme. Le fibré $B \to B^2$ et φ déterminent, pour tout $n \geqslant 0$, des homomorphismes

$$u_n : \pi_1 \to \mathrm{Aut}\, H^n(B_2, A)$$

Notons $\theta : B \to \mathrm{Aut}\, A$ et $\theta_n : B^2 \to \mathrm{Aut}(H^n(B_2,A))$ des fonctions tordantes dans les classes respectivement déterminées par φ et par u_n.

Lemme V-2.

Si π_1 est libre, pour $n \geqslant 1$, on a une suite exacte

$$(4) \quad 0 \to H^1_{\theta_{n-1}}(B^2, H^{n-1}(B_2,A)) \overset{i_n}{\to} H^n_\theta(B,A) \overset{j_n}{\to} H^0_{\theta_n}(B^2, H^n(B_2,A)) \to 0$$

Démonstration.

Si π_1 est libre, seuls les termes $E_2^{0,n}$ et $E_2^{1,n}$, $n \geqslant 0$, de la suite spectrale de Serre du fibré $B \to B^2$, à coefficients dans le système local déterminé par φ, sont non nuls. La suite exacte (4) est donc la suite exacte qui définit la convergence pour le degré total n.

Définition V-4.

Soient A et A' deux groupes abéliens et $\varphi : B \to \mathrm{Aut}\, A$ et $\varphi' : B \to \mathrm{Aut}\, A'$ deux homomorphismes. On suppose $\pi_1(B)$ libre. On appelle opération mixte le composé de la suite de morphismes:

$$\begin{array}{c}
H^1_{\theta \times \theta'}(B,\mathrm{Ext}(A,A')) \otimes H^n_\theta(B,A) \\
\Big\downarrow (p^*)^{-1} \otimes j_n \\
H^1_{\theta \times \theta'}(B^2,\mathrm{Ext}(A,A')) \otimes H^0_{\theta_n}(B^2,H^n(B_2,A)) \\
\cup \Big\downarrow \\
H^1_{\theta'_{n+1}}(B^2,H^{n+1}(B_2,A')) \\
\Big\downarrow i_{n+2} \\
H^{n+2}_{\theta'}(B,A')
\end{array}$$

Dans ce diagramme, θ et θ_n sont associés à φ , θ' et θ'_{n+1} sont associés à φ ' et $\cup$ est le cup-produit défini par le morphisme

$$H^n(B_2,A) \otimes \mathrm{Ext}(A,A') \to H^{n+1}(B_2,A').$$

Ce morphisme associe à tout $c \in H^n(B_2,A)$ et à toute extension $\mathcal{E} \in \mathrm{Ext}(A,A')$ l'image de c par l'opérateur cobord

$$H^n(B_2,A) \to H^{n+1}(B_2,A')$$

de la suite exacte longue de cohomologie définie par une suite exacte courte

$$0 \to A' \to A'' \to A \to 0$$

représentant $\mathcal{E}$.

On note $\eta * c$ l'opération mixte de $\eta \in H^1_{\theta \times \theta'}(B,\mathrm{Ext}(A,A'))$ sur $c \in H^n_\theta(B,A)$.

Remarquons que pour n = 0 ou n = 1, $\eta * c = 0$.

<u>Théorème</u> V-4.

Lorsque π_1 est libre, l'opération définie par l'invariant primaire d'Eilenberg $\eta^1_n \in H^1_\tau(B,\mathrm{Ext}(\pi,\pi'))$ sur $c \in H^n_t(B,\pi)$ est l'opération mixte.

Corollaire 1.

Si π_1 est libre, pour tout $c \in H^n_t(B,\pi)$, on a

$$\eta_n(c) = \eta^1_n * c + \eta^2_n \cup c$$

où $\cup$ est le cup-produit défini par le morphisme $\pi \otimes \mathrm{Hom}(\pi,\pi') \to \pi'$.

Corollaire 2.

Soit $G \to \mathcal{G} \to B$ un fibré en groupes abéliens dont le groupe fondamental de la base est libre et soient

$$\eta^1_n \in H^1_{t\times t'}(B,\mathrm{Ext}(\pi,\pi')) \quad , \quad \eta^2_n \in H^2_{t\times t'}(B,\mathrm{Hom}(\pi,\pi'))$$

ses n^e invariants primaire et secondaire d'Eilenberg (on a noté π pour $\pi_n(G)$, π' pour $\pi_{n+1}(G)$, t pour t_n et t' pour t'_{n+1}). Pour tout $c \in H^{p-n}_t(B,\pi)$, la différentielle

$$d^{p,-n}_1 : H^{p-n}_t(B,\pi) \to H^{p-n+2}_{t'}(B,\pi')$$

de la suite spectrale de Shih vérifie

$$d^{p,-n}_1(c) = \eta^2_n \cup c + \eta^1_n * c$$

où $\cup$ désigne le cup-produit défini par l'homomorphisme $\pi \otimes \mathrm{Hom}(\pi,\pi') \to \pi'$ et $*$ désigne l'opération mixte (cf. définition V-4).

Démonstration du théorème.

On peut supposer que B est un produit tordu $B_2 \times_\mu B^2$, sinon on le remplace par un sous-ensemble simplicial qui lui est homotopiquement équivalent (May [13], II, 10). Choisissons $t : B \to \mathrm{Aut}\,\pi$ se factorisant par une fonction tordante $B^2 \to \mathrm{Aut}\,\pi$ (qu'on note encore t). Le produit tordu $K(\pi,n) \times_t B$ est alors image réciproque de $K(\pi,n) \times_t B^2$ par la projection $B \to B^2$. On en déduit l'isomorphisme

(6) $\quad \Gamma_B(K(\pi,n) \times_t B) \simeq S_{B^2}(B,K(\pi,n) \times_t B^2)$

qu'on compose avec l'isomorphisme (proposition I-3-b)

(7) $\quad S_{B^2}(B,K(\pi,n) \times_t B^2) \simeq \Gamma_{B^2}(S(B_2,K(\pi,n))\times_{\mu\times t} B^2)$.

Rappelons que l'opération de η_n sur $H^n_t(B,\pi)$ est définie par le B-morphisme naturel

(8) $\quad (K(\pi,n) \times_t B) \times_B (S''_n \times_\tau B) \to K(\pi',n+2) \times_{t'} B$.

Supposons d'abord $n \geq 2$. On peut représenter η_n^1 par une section de $S''_n \times_{\tau_2} B$ qui est l'image réciproque d'une section de $S''_n \times_\tau B^2$ par $B \to B^2$. L'opération de η_n^1 est alors définie par le B^2-morphisme

$$(9) \qquad (S(B_2,K(\pi,n)) \times_{\mu\times t} B^2) \times_{B^2} (S''_n \times_\tau B^2) \to S(B_2,K(\pi',n+2))\times_{\mu\times t'} B^2 .$$

L'opération sur les sections définie par (8) induit l'opération sur les sections définie par (9) en utilisant le composé des isomorphismes (6) et (7). Notons

$$\gamma : \mathcal{G} \times_{B^2} \mathcal{G}' \to \mathcal{G}''$$

le morphisme (9). Pour chaque section $s : B \to \mathcal{G}$, on définit un B^2-morphisme $\gamma_s : \mathcal{G}' \to \mathcal{G}''$ en posant, pour $x \in \mathcal{G}'$,

$$\gamma_s(x) = \gamma(s(\varphi'(x)),x)$$

où $\varphi' : \mathcal{G}' \to B$ est la projection de $\mathcal{G}'$. Prenons un représentant $s' : B \to \mathcal{G}'$ de η_n'. Si $c \in H_t^n(B,\pi)$ est la classe de s, l'image de l'opération de η_n^1 sur c est la classe $c' \in H_{t'}^{n+2}(B,\pi')$ de la section $\gamma_s \circ s' : B^2 \to \mathcal{G}''$. Remarquons que $\mathcal{G}' = \mathcal{G}'_{(1)}$ entraîne $\gamma_s(\mathcal{G}') \subset \mathcal{G}''_{(1)}$ et la classe c' est dans l'image de

$$i_{n+2} : H^1_{\mu\times t'}(B^2,H^{n+1}(B_2,\pi')) \to H_{t'}^{n+2}(B,\pi').$$

Calculons maintenant $\eta_n' * c$. Comme les fibres de $\mathcal{G}^1$ sont de type $H^n(B_2,\pi)$, l'image de s par la projection $\mathcal{G} \to \mathcal{G}^1$ détermine une section $s^1 : B^2 \to H^n(B_2,\pi) \times_{\mu\times t} B^2$. Cette section définit un morphisme de fibrés de coefficients

$$g_s : K(Ext(\pi,\pi'),0) \times_\tau B^2 \to H^{n+1}(B_2,\pi') \times_{\mu\times t'} B^2$$

en posant $g_s(\xi,b) = (\sigma',b)$ où $\sigma' \in H^{n+1}(B_2,\pi')$ est l'image par l'opération cohomologique de type $(n,n+1)$ déterminée par $\xi \in Ext(\pi,\pi')$ de la classe dans $H_t^n(B_2,\pi)$ déterminée par $s^1(b)$. Appliquons le foncteur $\overline{W}$ à g_s. On obtient un morphisme de fibrés en groupes qui induit sur les classes de sections un homomorphisme

$$v : H^1_\tau(B^2,Ext(\pi,\pi')) \to H^1_{\mu\times t'}(B^2,H^{n+1}(B_2,\pi'))$$

qui est celui induit par le changement de fibrés de coefficients à l'aide de g_s. Donc pour $\eta \in H^1_\tau(B^2,Ext(\pi,\pi'))$, on a

$$v(\eta) = \sigma^1 \cup \eta,$$

où $\sigma^1 \in H^o_{\mu\times t}(B^2,H^n(B_2,\pi))$ est la classe de s^1 et $\cup$ est le cup-produit défini par $H^n(B_2,\pi) \otimes Ext(\pi,\pi') \to H^{n+1}(B_2,\pi')$. Par conséquent, on a

$$\eta_n^1 * c = i_{n+2}(v(\eta_n^1)).$$

Pour montrer le théorème, dans le cas $n \geqslant 2$, il suffit donc de montrer la commutativité du carré

$$\text{(D)} \qquad \begin{array}{ccc} \mathcal{G}' & \xrightarrow{\gamma_s} & \mathcal{G}''_{(1)} \\ \downarrow & & \downarrow \\ K(\mathrm{Ext}(\pi,\pi'),1) \times_\tau B^2 & \xrightarrow{\overline{W}\, g_s} & K(H^{n+1}(B_2,\pi'),1) \times_{\mu \times t'} B^2 \end{array}$$

dans lequel les flèches verticales sont induites par les projections

$$\mathcal{G}' = \mathcal{G}'_{(1)} \to \mathcal{G}'^2_1 \qquad\qquad \mathcal{G}''_{(1)} \to \mathcal{G}''^2_1$$

des décompositions de Postnikov de $\mathcal{G}'$ et $\mathcal{G}''_{(1)}$. D'après le théorème III-5, il suffit de vérifier la commutativité du diagramme

$$\text{(D')} \qquad \begin{array}{ccc} \pi_1(S''_n) & \xrightarrow{\alpha} & \pi_1(S(B_2,K(\pi',n+2)) \\ \simeq\downarrow & & \downarrow\simeq \\ \mathrm{Ext}(\pi\pi') & \xrightarrow{\beta} & H^{n+1}(B_2,\pi') \end{array}$$

induit par D sur le π_1 des fibres. Pour ceci, notons

$$X = B_2, \qquad Y = K(\pi,n) , \qquad H = K(\pi',n+1).$$

Chaque $f : X \to Y$ définit par composition un morphisme de fibrations

$$\begin{array}{ccccc} S(Y,H) & \to & S(Y,WH) & \to & S(Y,\overline{W}H) \\ \downarrow F & & \downarrow & & \downarrow \overline{F} \\ S(X,H) & \to & S(X,WH) & \to & S(X,\overline{W}H) \end{array}$$

Soit b_o le point-base de B^2. On prend $f = s(b_o)$. Dans ce cas

$$\alpha = \pi_1\ (\overline{F}) \qquad \text{et} \qquad \beta = \pi_0\ (F)\ .$$

La commutativité de D' résulte alors de la fonctorialité de la suite exacte d'homotopie d'un fibré.

Restent les cas $n = 1$ et $n = 0$, où il faut montrer que l'opération définie par η_n^1 est nulle. On introduit comme précédemment le B^2-morphisme γ_s et on va vérifier directement que $\alpha = 0$.

Pour $n = 1$, $\pi_0(S(X,Y)) = H^1(B_2,\pi) = 0$. Par conséquent $\pi_0(F) = 0 = \pi_1(\overline{F}) = \alpha$.

Pour $n = 0$, α est à valeurs dans le groupe $H^1(B_2,\pi') = 0$.

Le théorème V-3 est donc entièrement démontré.

Démonstration des corollaires.

L'isomorphisme (4) et le théorème V-3 entraînent immédiatement le corollaire 1. Pour montrer le corollaire 2, il suffit, d'après le corollaire du théorème V-1, de montrer que la suspension de l'opération mixte de type $(n,n+2)$ définie par une classe $\eta \in H^1_\tau(B,\mathrm{Ext}(\pi\pi'))$ est l'opération mixte de type $(n-1,n+1)$ définie par la même classe η. Or il résulte de la démonstration du théorème V-3 (dont on reprend les notations) que l'opération mixte est l'opération induite sur les classes de sections par (9). Prenons un représentant $s' : B \to \mathcal{G}'$ de η et notons

$$\gamma_{s'} : \mathcal{G} \to \mathcal{G}''$$

le B^2-morphisme défini comme γ_s. Notons

$$\Gamma_{s'} : \Gamma_{B^2}\mathcal{G} \to \Gamma_{B^2}\mathcal{G}''$$

le morphisme induit par $\gamma_{s'}$. Alors $\pi_0(\Gamma_{s'}) : \pi_0(\Gamma_{B^2}\mathcal{G}) \to \pi_0(\Gamma_{B^2}\mathcal{G}'')$ définit l'opération mixte déterminée par η et la suspension de cette opération est définie par $\pi_1(\Gamma_{s'}) : \pi_1(\Gamma_{B^2}\mathcal{G}) \to \pi_1(\Gamma_{B^2}\mathcal{G}'')$ (définition III-3). La section s' définit un morphisme de B^2-fibrations.

$$\begin{array}{ccccc}
S(B_2,K(\pi,n-1)\times_{\mu\times t} B^2) & \to & S(B_2,L(\pi,n))\times_{\mu\times t}B^2) & \to & S(B_2,K(\pi,n))\times_{\mu\times t} B^2) \\
\downarrow{\scriptstyle \delta_{s'}} & & \downarrow & & \downarrow{\scriptstyle \gamma_{s'}} \\
S(B_2,K(\pi',n+1))\times_{\mu\times t'}B^2) & \to & S(B_2,L(\pi',n+2)\times_{\mu\times t'}B^2) & \to & S(B_2,K(\pi',n+2)\times_{\mu\times t'}B^2
\end{array}$$

où $\delta_{s'}$ est défini comme γ_s en remplaçant n par $n-1$. Ce morphisme induit un morphisme entre les fibrations des espaces de sections. La fonctorialité des suites exactes d'homotopie entraîne alors que l'opération définie par $\pi_1(\Gamma_{s'})$ est la même que celle définie par $\pi_0(\Delta_{s'})$ où $\Delta_{s'}$ est construit à partir de $\delta_{s'}$ comme $\Gamma_{s'}$ à partir de $\gamma_{s'}$, ce qui montre le corollaire 2.

Application.

Différentielle de la suite spectrale de Serre d'un fibré lorsque le groupe fondamental de la base est libre.

Pour un fibré $F\times_\theta B \to B$, le p^e invariant d'Eilenberg du fibré $S(F,K(\pi,N))\times_\theta B$ est une classe

$$(\eta_N)_p \in H^{p+2}(H^{N-p}(F,\pi),p,\theta,H^{N-p-1}(F,\pi)).$$

Les classes $(\eta_N)_p$ vérifient (théorème V-2)

$$\sigma^k(\eta_{N+k})_{p+k} = (\eta_N)_p.$$

Supposons $\pi_1(B)$ libre. Le p^e invariant primaire d'Eilenberg de $S(F,K(\pi,N))\times_\theta B$ est une classe

$$(\eta_N)^1_p \in H^1_\theta(B,\mathrm{Ext}(H^{N-p}(F,\pi),H^{N-p-1}(F,\pi))).$$

Comme l'opération mixte est invariante par suspension, $(\eta_N)^1_p$ ne dépend que de la différence N-p. On pose

$$\alpha^1_{N-p} = (\eta_N)^1_p.$$

De même, le p^e invariant secondaire d'Eilenberg de $S(F,K(\pi,N))\times_\theta B$

$$(\eta_N)^2_p \in H^2_\theta(B,\mathrm{Hom}(H^{N-p}(F,\pi),H^{N-p-1}(F,\pi))$$

ne dépend que de N-p. On pose

$$\alpha^2_{N-p} = (\eta_N)^2_p.$$

<u>Théorème</u> V-5.

Soit un produit tordu $F\times_\theta B$ tel que $\pi_1(B)$ soit libre. Alors la différentielle

$$\delta_2^{p,m} : H^p_\theta(B,H^{N-p}(F,\pi)) \to H^{p+2}_\theta(B,H^{N-p-1}(F,\pi))$$

de la suite spectrale de Serre du fibré $F\times_\theta B \to B$ vérifie

$$\delta_2^{p,m}(c) = \alpha^1_{p-m} * c + \alpha^2_{p-m} \cup c$$

où

$$\alpha^1_{p-m} \in H^1_\theta(B,\mathrm{Ext}(H^{m-p}(F,\pi),H^{m-p-1}(F,\pi)))$$

$$\alpha^2_{p-m} \in H^2_\theta(B,\mathrm{Hom}(H^{m-p}(F,\pi),H^{m-p-1}(F,\pi)))$$

sont les classes associées à $F\times_\theta B$ introduites plus haut.

B I B L I O G R A P H I E

[1] BAUES H.J. : Obstruction theory on homotopy classification of maps, Lecture Notes in Mathematics, 628, Springer Verlag, 1977.

[2] CARTAN H. : Séminaire E.N.S., 1954/1955.

[3] CARTAN H. : Séminaire E.N.S., 1956/1957.

[4] CARTAN H., EILENBERG S. : Homological Algebra, Princeton, 1956.

[5] DIDIERJEAN G. : Groupes d'homotopie du monoïde des équivalences d'homotopie fibrées, C.R. Acad. Sc. Paris, t.292, 1981.

[6] EILENBERG S. : Relations between cohomology groups in a complex, Commentarii Math., Helv. 21, 1948.

[7] FADELL E., HUREWICZ W. : On the structure of higher differential operators in spectral sequences, Annals of Math., 68, 1958.

[8] LEGRAND A. : Sur les groupes d'homotopie de l'espace des applications continues d'un espace fibré dans un groupe topologique, C.R. Acad. Sc. Paris, t.281, 1975.

[9] LEGRAND A. : Sur les groupes d'homotopie des sections continues d'une fibration en groupes, C.R. Acad. Sc. Paris, t. 286, 1978.

[10] LEGRAND A. : Calcul de la différentielle de la suite spectrale de Serre d'une fibration dont la base n'est pas simplement connexe, C.R. Acad. Sc. Paris, t.287, 1978.

[11] LEGRAND A. : Homotopie des espaces de sections de fibrés en groupes, thèse Toulouse, 1980.

[12] MAC LANE S. : Homology, Springer Verlag, 1963.

[13] MAY J.P. : Simplicial objects in algebraic topology, Van Nostrand, 1967.

[14] MOORE J.C. : Homotopie des complexes monoïdaux I et II, Séminaire E.N.S.,H. Cartan, 1954/1955.

[15] MOORE J.C. : Systèmes de Postnikov et complexes monoïdaux, Séminaire E.N.S.,H. Cartan, 1954/1955.

[16] MOSHER R., TANGORRA M. : Cohomology and applications in homotopy theory, Harper and Row, 1968.

[17] SERRE J.P. : Homologie singulière des espaces fibrés, Annals of Maths, 54, 1951.

[18] SHIH W. : Homologie des espaces fibrés, I.H.E.S., publications mathématiques, 13, 1962.

[19] SHIH W. : Classes d'applications d'un espace dans un groupe topologique ; Séminaire E.N.S.,H. Cartan, 1962/1963.

[20] SPANER E.H. : Algebraic topology, Mc. Graw-Hill, 1966.

[21] SIEGEL J. : Higher order cohomology operations in local coefficient theory, Amer. J. Math., 89, 1967.

[22] SIEGEL J. : Cohomology operations in local coefficient theory, Illinois. J. Math., 15, 1971.

[23] STEENROD N. : The topology of fibre bundles, Princeton, 1951.

[24] ZISMAN M. : Quelques propriétés des fibrés au sens de Kan, Annales Inst. Fourier, 10, 1960.

INDEX TERMINOLOGIQUE

INDEX DES NOTATIONS

Vol. 787: Potential Theory, Copenhagen 1979. Proceedings, 1979. Edited by C. Berg, G. Forst and B. Fuglede. VIII, 319 pages. 1980.

Vol. 788: Topology Symposium, Siegen 1979. Proceedings, 1979. Edited by U. Koschorke and W. D. Neumann. VIII, 495 pages. 1980.

Vol. 789: J. E. Humphreys, Arithmetic Groups. VII, 158 pages. 1980.

Vol. 790: W. Dicks, Groups, Trees and Projective Modules. IX, 127 pages. 1980.

Vol. 791: K. W. Bauer and S. Ruscheweyh, Differential Operators for Partial Differential Equations and Function Theoretic Applications. V, 258 pages. 1980.

Vol. 792: Geometry and Differential Geometry. Proceedings, 1979. Edited by R. Artzy and I. Vaisman. VI, 443 pages. 1980.

Vol. 793: J. Renault, A Groupoid Approach to C*-Algebras. III, 160 pages. 1980.

Vol. 794: Measure Theory, Oberwolfach 1979. Proceedings 1979. Edited by D. Kölzow. XV, 573 pages. 1980.

Vol. 795: Séminaire d'Algèbre Paul Dubreil et Marie-Paule Malliavin. Proceedings 1979. Edited by M. P. Malliavin. V, 433 pages. 1980.

Vol. 796: C. Constantinescu, Duality in Measure Theory. IV, 197 pages. 1980.

Vol. 797: S. Mäki, The Determination of Units in Real Cyclic Sextic Fields. III, 198 pages. 1980.

Vol. 798: Analytic Functions, Kozubnik 1979. Proceedings. Edited by J. Ławrynowicz. X, 476 pages. 1980.

Vol. 799: Functional Differential Equations and Bifurcation. Proceedings 1979. Edited by A. F. Izé. XXII, 409 pages. 1980.

Vol. 800: M.-F. Vignéras, Arithmétique des Algèbres de Quaternions. VII, 169 pages. 1980.

Vol. 801: K. Floret, Weakly Compact Sets. VII, 123 pages. 1980.

Vol. 802: J. Bair, R. Fourneau, Etude Géometrique des Espaces Vectoriels II. VII, 283 pages. 1980.

Vol. 803: F.-Y. Maeda, Dirichlet Integrals on Harmonic Spaces. X, 180 pages. 1980.

Vol. 804: M. Matsuda, First Order Algebraic Differential Equations. VII, 111 pages. 1980.

Vol. 805: O. Kowalski, Generalized Symmetric Spaces. XII, 187 pages. 1980.

Vol. 806: Burnside Groups. Proceedings, 1977. Edited by J. L. Mennicke. V, 274 pages. 1980.

Vol. 807: Fonctions de Plusieurs Variables Complexes IV. Proceedings, 1979. Edited by F. Norguet. IX, 198 pages. 1980.

Vol. 808: G. Maury et J. Raynaud, Ordres Maximaux au Sens de K. Asano. VIII, 192 pages. 1980.

Vol. 809: I. Gumowski and Ch. Mira, Recurences and Discrete Dynamic Systems. VI, 272 pages. 1980.

Vol. 810: Geometrical Approaches to Differential Equations. Proceedings 1979. Edited by R. Martini. VII, 339 pages. 1980.

Vol. 811: D. Normann, Recursion on the Countable Functionals. VIII, 191 pages. 1980.

Vol. 812: Y. Namikawa, Toroidal Compactification of Siegel Spaces. VIII, 162 pages. 1980.

Vol. 813: A. Campillo, Algebroid Curves in Positive Characteristic. V, 168 pages. 1980.

Vol. 814: Séminaire de Théorie du Potentiel, Paris, No. 5. Proceedings. Edited by F. Hirsch et G. Mokobodzki. IV, 239 pages. 1980.

Vol. 815: P. J. Slodowy, Simple Singularities and Simple Algebraic Groups. XI, 175 pages. 1980.

Vol. 816: L. Stoica, Local Operators and Markov Processes. VIII, 104 pages. 1980.

Vol. 817: L. Gerritzen, M. van der Put, Schottky Groups and Mumford Curves. VIII, 317 pages. 1980.

Vol. 818: S. Montgomery, Fixed Rings of Finite Automorphism Groups of Associative Rings. VII, 126 pages. 1980.

Vol. 819: Global Theory of Dynamical Systems. Proceedings, 1979. Edited by Z. Nitecki and C. Robinson. IX, 499 pages. 1980.

Vol. 820: W. Abikoff, The Real Analytic Theory of Teichmüller Space. VII, 144 pages. 1980.

Vol. 821: Statistique non Paramétrique Asymptotique. Proceedings, 1979. Edited by J.-P. Raoult. VII, 175 pages. 1980.

Vol. 822: Séminaire Pierre Lelong–Henri Skoda, (Analyse) Années 1978/79. Proceedings. Edited by P. Lelong et H. Skoda. VIII, 356 pages, 1980.

Vol. 823: J. Král, Integral Operators in Potential Theory. III, 171 pages. 1980.

Vol. 824: D. Frank Hsu, Cyclic Neofields and Combinatorial Designs. VI, 230 pages. 1980.

Vol. 825: Ring Theory, Antwerp 1980. Proceedings. Edited by F. van Oystaeyen. VII, 209 pages. 1980.

Vol. 826: Ph. G. Ciarlet et P. Rabier, Les Equations de von Kármán. VI, 181 pages. 1980.

Vol. 827: Ordinary and Partial Differential Equations. Proceedings, 1978. Edited by W. N. Everitt. XVI, 271 pages. 1980.

Vol. 828: Probability Theory on Vector Spaces II. Proceedings, 1979. Edited by A. Weron. XIII, 324 pages. 1980.

Vol. 829: Combinatorial Mathematics VII. Proceedings, 1979. Edited by R. W. Robinson et al.. X, 256 pages. 1980.

Vol. 830: J. A. Green, Polynomial Representations of GL_n. VI, 118 pages. 1980.

Vol. 831: Representation Theory I. Proceedings, 1979. Edited by V. Dlab and P. Gabriel. XIV, 373 pages. 1980.

Vol. 832: Representation Theory II. Proceedings, 1979. Edited by V. Dlab and P. Gabriel. XIV, 673 pages. 1980.

Vol. 833: Th. Jeulin, Semi-Martingales et Grossissement d'une Filtration. IX, 142 Seiten. 1980.

Vol. 834: Model Theory of Algebra and Arithmetic. Proceedings, 1979. Edited by L. Pacholski, J. Wierzejewski, and A. J. Wilkie. VI, 410 pages. 1980.

Vol. 835: H. Zieschang, E. Vogt and H.-D. Coldewey, Surfaces and Planar Discontinuous Groups. X, 334 pages. 1980.

Vol. 836: Differential Geometrical Methods in Mathematical Physics. Proceedings, 1979. Edited by P. L. García, A. Pérez-Rendón, and J. M. Souriau. XII, 538 pages. 1980.

Vol. 837: J. Meixner, F. W. Schäfke and G. Wolf, Mathieu Functions and Spheroidal Functions and their Mathematical Foundations Further Studies. VII, 126 pages. 1980.

Vol. 838: Global Differential Geometry and Global Analysis. Proceedings 1979. Edited by D. Ferus et al. XI, 299 pages. 1981.

Vol. 839: Cabal Seminar 77 – 79. Proceedings. Edited by A. S. Kechris, D. A. Martin and Y. N. Moschovakis. V, 274 pages. 1981.

Vol. 840: D. Henry, Geometric Theory of Semilinear Parabolic Equations. IV, 348 pages. 1981.

Vol. 841: A. Haraux, Nonlinear Evolution Equations- Global Behaviour of Solutions. XII, 313 pages. 1981.

Vol. 842: Séminaire Bourbaki vol. 1979/80. Exposés 543–560. IV, 317 pages. 1981.

Vol. 843: Functional Analysis, Holomorphy, and Approximation Theory. Proceedings. Edited by S. Machado. VI, 636 pages. 1981.

Vol. 844: Groupe de Brauer. Proceedings. Edited by M. Kervaire and M. Ojanguren. VII, 274 pages. 1981.

Vol. 845: A. Tannenbaum, Invariance and System Theory: Algebraic and Geometric Aspects. X, 161 pages. 1981.

Vol. 846: Ordinary and Partial Differential Equations, Proceedings. Edited by W. N. Everitt and B. D. Sleeman. XIV, 384 pages. 1981.

Vol. 847: U. Koschorke, Vector Fields and Other Vector Bundle Morphisms – A Singularity Approach. IV, 304 pages. 1981.

Vol. 848: Algebra, Carbondale 1980. Proceedings. Ed. by R. K. Amayo. VI, 298 pages. 1981.

Vol. 849: P. Major, Multiple Wiener-Itô Integrals. VII, 127 pages. 1981.

Vol. 850: Séminaire de Probabilités XV. 1979/80. Avec table générale des exposés de 1966/67 à 1978/79. Edited by J. Azéma and M. Yor. IV, 704 pages. 1981.

Vol. 851: Stochastic Integrals. Proceedings, 1980. Edited by D. Williams. IX, 540 pages. 1981.

Vol. 852: L. Schwartz, Geometry and Probability in Banach Spaces. X, 101 pages. 1981.

Vol. 853: N. Boboc, G. Bucur, A. Cornea, Order and Convexity in Potential Theory: H-Cones. IV, 286 pages. 1981.

Vol. 854: Algebraic K-Theory. Evanston 1980. Proceedings. Edited by E. M. Friedlander and M. R. Stein. V, 517 pages. 1981.

Vol. 855: Semigroups. Proceedings 1978. Edited by H. Jürgensen, M. Petrich and H. J. Weinert. V, 221 pages. 1981.

Vol. 856: R. Lascar, Propagation des Singularités des Solutions d'Equations Pseudo-Différentielles à Caractéristiques de Multiplicités Variables. VIII, 237 pages. 1981.

Vol. 857: M. Miyanishi. Non-complete Algebraic Surfaces. XVIII, 244 pages. 1981.

Vol. 858: E. A. Coddington, H. S. V. de Snoo: Regular Boundary Value Problems Associated with Pairs of Ordinary Differential Expressions. V, 225 pages. 1981.

Vol. 859: Logic Year 1979–80. Proceedings. Edited by M. Lerman, J. Schmerl and R. Soare. VIII, 326 pages. 1981.

Vol. 860: Probability in Banach Spaces III. Proceedings, 1980. Edited by A. Beck. VI, 329 pages. 1981.

Vol. 861: Analytical Methods in Probability Theory. Proceedings 1980. Edited by D. Dugué, E. Lukacs, V. K. Rohatgi. X, 183 pages. 1981.

Vol. 862: Algebraic Geometry. Proceedings 1980. Edited by A. Libgober and P. Wagreich. V, 281 pages. 1981.

Vol. 863: Processus Aléatoires à Deux Indices. Proceedings, 1980. Edited by H. Korezlioglu, G. Mazziotto and J. Szpirglas. V, 274 pages. 1981.

Vol. 864: Complex Analysis and Spectral Theory. Proceedings, 1979/80. Edited by V. P. Havin and N. K. Nikol'skii, VI, 480 pages. 1981.

Vol. 865: R. W. Bruggeman, Fourier Coefficients of Automorphic Forms. III, 201 pages. 1981.

Vol. 866: J.-M. Bismut, Mécanique Aléatoire. XVI, 563 pages. 1981.

Vol. 867: Séminaire d'Algèbre Paul Dubreil et Marie-Paule Malliavin. Proceedings, 1980. Edited by M.-P. Malliavin. V, 476 pages. 1981.

Vol. 868: Surfaces Algébriques. Proceedings 1976–78. Edited by J. Giraud, L. Illusie et M. Raynaud. V, 314 pages. 1981.

Vol. 869: A. V. Zelevinsky, Representations of Finite Classical Groups. IV, 184 pages. 1981.

Vol. 870: Shape Theory and Geometric Topology. Proceedings, 1981. Edited by S. Mardešić and J. Segal. V, 265 pages. 1981.

Vol. 871: Continuous Lattices. Proceedings, 1979. Edited by B. Banaschewski and R.-E. Hoffmann. X, 413 pages. 1981.

Vol. 872: Set Theory and Model Theory. Proceedings, 1979. Edited by R. B. Jensen and A. Prestel. V, 174 pages. 1981.

Vol. 873: Constructive Mathematics, Proceedings, 1980. Edi F. Richman. VII, 347 pages. 1981.

Vol. 874: Abelian Group Theory. Proceedings, 1981. Edit R. Göbel and E. Walker. XXI, 447 pages. 1981.

Vol. 875: H. Zieschang, Finite Groups of Mapping Class Surfaces. VIII, 340 pages. 1981.

Vol. 876: J. P. Bickel, N. El Karoui and M. Yor. Ecole d'Eté de P bilités de Saint-Flour IX – 1979. Edited by P. L. Hennequi 280 pages. 1981.

Vol. 877: J. Erven, B.-J. Falkowski, Low Order Cohomology Applications. VI, 126 pages. 1981.

Vol. 878: Numerical Solution of Nonlinear Equations. Proceed 1980. Edited by E. L. Allgower, K. Glashoff, and H.-O. Pei XIV, 440 pages. 1981.

Vol. 879: V. V. Sazonov, Normal Approximation – Some Re Advances. VII, 105 pages. 1981.

Vol. 880: Non Commutative Harmonic Analysis and Lie Gro Proceedings, 1980. Edited by J. Carmona and M. Vergne. IV, pages. 1981.

Vol. 881: R. Lutz, M. Goze, Nonstandard Analysis. XIV, 261 pa 1981.

Vol. 882: Integral Representations and Applications. Proceedi 1980. Edited by K. Roggenkamp. XII, 479 pages. 1981.

Vol. 883: Cylindric Set Algebras. By L. Henkin, J. D. Monk, A. Tar H. Andréka, and I. Németi. VII, 323 pages. 1981.

Vol. 884: Combinatorial Mathematics VIII. Proceedings, 1980. Edi by K. L. McAvaney. XIII, 359 pages. 1981.

Vol. 885: Combinatorics and Graph Theory. Edited by S. B. R Proceedings, 1980. VII, 500 pages. 1981.

Vol. 886: Fixed Point Theory. Proceedings, 1980. Edited by E. Fad and G. Fournier. XII, 511 pages. 1981.

Vol. 887: F. van Oystaeyen, A. Verschoren, Non-commutative Al braic Geometry, VI, 404 pages. 1981.

Vol. 888: Padé Approximation and its Applications. Proceedin 1980. Edited by M. G. de Bruin and H. van Rossum. VI, 383 pag 1981.

Vol. 889: J. Bourgain, New Classes of $\mathcal{L}^p$-Spaces. V, 143 pages. 19

Vol. 890: Model Theory and Arithmetic. Proceedings, 1979/8 Edited by C. Berline, K. McAloon, and J.-P. Ressayre. VI, 3 pages. 1981.

Vol. 891: Logic Symposia, Hakone, 1979, 1980. Proceedings, 197 1980. Edited by G. H. Müller, G. Takeuti, and T. Tugué. XI, 394 page 1981.

Vol. 892: H. Cajar, Billingsley Dimension in Probability Spaces III, 106 pages. 1981.

Vol. 893: Geometries and Groups. Proceedings. Edited by M. Aigne and D. Jungnickel. X, 250 pages. 1981.

Vol. 894: Geometry Symposium. Utrecht 1980, Proceedings. Edited by E. Looijenga, D. Siersma, and F. Takens. V, 153 pages. 1981

Vol. 895: J.A. Hillman, Alexander Ideals of Links. V, 178 pages. 1981

Vol. 896: B. Angéniol, Familles de Cycles Algébriques – Schéma de Chow. VI, 140 pages. 1981.

Vol. 897: W. Buchholz, S. Feferman, W. Pohlers, W. Sieg, Iterated Inductive Definitions and Subsystems of Analysis: Recent Proof-Theoretical Studies. V, 383 pages. 1981.

Vol. 898: Dynamical Systems and Turbulence, Warwick, 1980. Proceedings. Edited by D. Rand and L.-S. Young. VI, 390 pages. 1981.

Vol. 899: Analytic Number Theory. Proceedings, 1980. Edited by M.I. Knopp. X, 478 pages. 1981.